비문학이 쉬워지는 과학 신문

일러두기

- 이 책의 [수능으로 점프]에 나오는 지문은, 실제 수능과 모의고사 국어(비문학) 영역에서 출제되었던 주요 과학 지문을 각색한 것입니다.
- [글쓰기로 문해력 잡기]의 문제 모범 답안은, 책의 말미에 부록으로 수록했습니다.

비문학이 쉬워지는
과학 신문

2025년 09월 09일 초판 01쇄 인쇄
2025년 09월 16일 초판 01쇄 발행

지은이 정혜심(시미쌤)

발행인 이규상   편집인 임현숙
편집장 김은영   책임편집 강정민   책임마케팅 윤선애
콘텐츠사업팀 강정민 정윤정 오희라 윤선애 오은서
디자인팀 최희민 두형주
채널 및 제작 관리 이순복   회계 김하나

펴낸곳 (주)백도씨
출판등록 제2012-000170호(2007년 6월 22일)
주소 03044 서울시 종로구 효자로7길 23, 3층(통의동 7-33)
전화 02 3443 0311(편집) 02 3012 0117(마케팅) 팩스 02 3012 3010
이메일 book@100doci.com(편집·원고 투고) valva@100doci.com(유통·사업 제휴)
블로그 blog.naver.com/100doci_   인스타그램 @blackfish_book   X @BlackfishBook

ISBN 978-89-6833-516-7 03400
ⓒ 정혜심, 2025, Printed in Korea

비문학이 쉬워지는
과학 신문

지은이	정혜심(시미쌤)

블랙피쉬
Black Fish

이 책은 과학 글을 **쉽게 읽고, 정확히 이해하며, 자기 말로 설명할 수 있는 힘**을 기르도록 돕기 위해 탄생했습니다. 왜 이런 활동이 필요할까요? 과학 개념을 '나만의 언어'로 소화하는 습관이 생기면, 새롭게 접하는 어렵고 복잡한 이론도 빠르고 정확하게 그 뜻을 헤아릴 수 있기 때문입니다.

요즘 학교의 평가 방식은 부모님 세대가 경험하던 것과는 많이 다릅니다. 예를 들어, 최근 중학교 지필시험에서는 서술·논술형 문항이 정기고사 만점의 40% 이상을 차지해야 하고, 한 학기 성적에도 수행평가를 40% 이상 반드시 반영시키려고 하는 추세입니다. 특히 과학 과목은 그중 실험 수행평가의 비중을 50% 이상 포함하도록 규정되어 있지요. 실험 수행평가란 학생이 직접 실험을 해 보고, 결과뿐만 아니라 **무엇을 알게 되었는지를 글로 설명하는 시험**

입니다. 생각만 해도 쉽지 않죠? 이제는 예전처럼 객관식 문제만 잘 풀어서는 좋은 성적을 기대하기 어려운 시대가 된 것입니다.

이처럼 평가 방식이 달라졌다는 것은 곧 **문장을 따라가며 생각을 조직하는 힘이 더욱 중요해졌다는 뜻**입니다. 실제로 최근 모의평가나 수능을 살펴보면, 국어 '독서(비문학)' 영역에서 과학·기술 지문이 난도를 끌어올리는 경우가 많습니다. 정답률이 낮은 문항도 대체로 이 영역에 몰려 있지요. 결국 과학 내용을 글로 읽고 핵심 구조를 파악하는 능력이 성적을 좌우합니다.

그렇다면 '구조적으로 이해한다'는 건 무엇일까요? 책 속 내용으로 예를 들어 볼까요? 책의 [Chapter 1. 물리]에는 '전기차 배터리 화재' 이야기가 나옵니다. 이 글을 읽는 학생들은 자연스럽게 다음 과정에 따라 내용을 정리할 수 있게 됩니다.

1. 먼저 무슨 일이 일어났는지를 적습니다. (사건)
"지하 주차장에서 전기차 화재가 났다."

2. 다음으로 왜 그런 일이 생겼는지를 밝힙니다. (원인)
"배터리 내부 분리막이 손상되어 양극과 음극이 접촉했고, 그 결과 열 폭주가 일어났다."

3. 이어서 어떤 조건에서 특히 문제가 되는지를 덧붙입니다. (조건)
"특정 온도, 충격, 제조 결함 등이 겹치면 더 쉽게 촉발된다."

4. 마지막으로 이 사건이 의미하는 바를 정리합니다. (의미)

"배터리 관리와 안전장치가 필수다."

[Chapter 2. 화학]의 글 '우리가 숨 쉬는 산소는 어디서 만들어졌을까?'에서도 같은 방식이 적용됩니다. 원인(광합성) → 과정(빛에너지가 화학 에너지로 바뀌는 단계) → 결과(산소 방출)처럼, 틀만 달라질 뿐 생각의 흐름은 같지요. 이렇게 문단의 역할을 잡아내는 연습을 하면, 긴 글도 훨씬 수월하게 읽어 낼 수 있습니다. 글의 뼈대를 먼저 세우고, 그 위에 세부 정보를 얹는 습관이 자리 잡는 것이지요.

이 책은 그런 힘을 키우기 위해 한 장 안에 **이야기식 도입(스토리로 생각 열기)** → **핵심 개념 압축(짧고 정확하게 개념 파악)** → **짧은 단락 쓰기(내 말로 설명하기)** → **글쓰기(글의 맥락 확인하기)** 과정을 엮었습니다. 독자가 부담 없이 따라올 수 있도록 '난이도의 사다리'를 설계해, "읽었다 → 이해했다 → 설명했다"를 한 장에서 완결할 수 있도록 구성했습니다. 마지막 장에는 실제 수능과 모의평가에서 다뤄진 과학 소재의 독서 지문을 중학생 눈높이에 맞게 각색해 실었습니다.

여기에 더해, **AI 시대에 글쓰기와 설명력이 왜 더 중요해졌는지도 짚고자** 했습니다. AI는 글로 된 지시를 이해하고 움직입니다. 지시가 모호하면 결과도 흐릿해지고, 지시가 구체적일수록 원하는 답을 얻을 수 있지요. 예를 들어 "전기차의 안전성을 설명해 줘"

라고만 하면 범위와 깊이가 제각각인 답이 돌아옵니다. 하지만 "중학생도 이해할 수 있게, 전기차 배터리의 열 폭주 과정을 다섯 문장으로, 비유 하나를 넣어 설명해 줘"라고 말한다면 곧바로 활용할 만한 답을 얻을 수 있습니다. 본문을 구조화해 요약·비교·설명하는 훈련을 꾸준히 한 학생은, AI에게도 목적·범위·형식을 또렷하게 지시할 수 있습니다. 결국 학교 평가와 AI 활용의 공통분모는 설명력이기 때문입니다.

이 책은 단순히 과학 지식을 나열하지 않습니다. **짧은 이야기로 호기심을 열고, 핵심 개념을 간명한 문장으로 붙들며, 문단의 연결 구조를 눈에 보이게 해 자연스레 익히게 합니다. 그리고 마지막에는 자신의 문장으로 마무리하게 하지요.** 평가가 달라진 지금, 이 책은 긴 과학 글 앞에서도 스스로 구조를 세우며 '이해 - 설명 - 활용'으로 나아갈 수 있게 돕습니다. 이 힘은 교실을 넘어 삶의 여러 자리에서 쓰일 것이며, AI와 함께 살아가는 시대에 확실한 경쟁력이 되어 줄 것입니다.

차례

시작하며　　004

Chapter 1.
물리　　세상을 움직이는 힘의 비밀?

가볍게 한 발　30만 톤의 거인, 해상 석유 플랫폼은 어떻게 바다 위에 서 있을까? 중1 과학　012
양궁 선수는 어떻게 화살을 10점에 명중시킬까? 중1 과학　019
천천히 두 발　자동차가 일부러 벽에 부딪치는 이유는? 중1 과학, 고등 통합과학　026
드디어 세 발　전기차, 정말 안전할까? 배터리 속 숨은 비밀 중2 과학, 고등 통합과학　033
마침내 네 발　시간이 멈출 수도 있다고? 블랙홀에선 가능하지! 고등 선택 물리　041
수능으로 점프　드론이 하늘에 멈춰 있을 수 있는 비밀은? 2016학년도 수능　050
손가락 끝보다 작은 세상을 어떻게 관찰할까? 2019학년도 9월 모의평가　058

Chapter 2.
화학　　보이지 않는 세계를 열어 보자!

가볍게 한 발　우주선 안에서 촛불을 켜면 어떻게 될까? 중1 과학　068
작고 딱딱한 옥수수알은 어떻게 구름 같은 팝콘이 될까? 중1 과학　075
천천히 두 발　왜 높은 산에 가면 머리가 아플까? 중1 과학　083
드디어 세 발　우리가 숨 쉬는 산소는 어디서 만들어졌을까? 중2 과학　091
마침내 네 발　주기율표는 처음부터 완벽했을까? 중2 과학, 고등 통합과학　098
수능으로 점프　원자는 정말 쪼갤 수 없는 것일까? 2016학년도 6월 모의평가 A형　107
기체도 수학으로 설명할 수 있을까? 2013학년도 수능　116

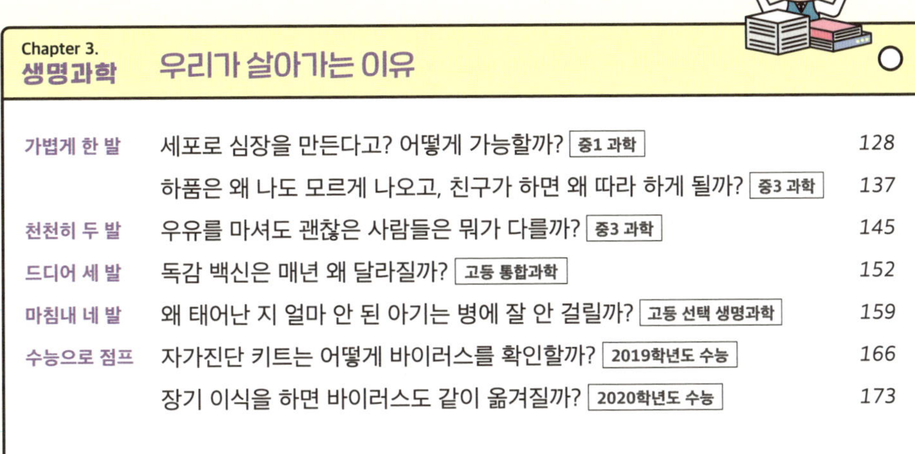

Chapter 3.
생명과학 우리가 살아가는 이유

가볍게 한 발 세포로 심장을 만든다고? 어떻게 가능할까? 중1 과학 128

하품은 왜 나도 모르게 나오고, 친구가 하면 왜 따라 하게 될까? 중3 과학 137

천천히 두 발 우유를 마셔도 괜찮은 사람들은 뭐가 다를까? 중3 과학 145

드디어 세 발 독감 백신은 매년 왜 달라질까? 고등 통합과학 152

마침내 네 발 왜 태어난 지 얼마 안 된 아기는 병에 잘 안 걸릴까? 고등 선택 생명과학 159

수능으로 점프 자가진단 키트는 어떻게 바이러스를 확인할까? 2019학년도 수능 166

장기 이식을 하면 바이러스도 같이 옮겨질까? 2020학년도 수능 173

Chapter 4.
지구과학 우주를 바라보는 지구의 시선

가볍게 한 발 서울에서 뉴욕으로 여행을 갔는데 왜 시간은 뒤로 갔을까? 중2 과학, 중3 과학 182

밤하늘에 초록색 커튼이 펄럭인다고? 중2 과학 190

천천히 두 발 빛의 속도로 우주를 여행한다면? 중2 과학 197

드디어 세 발 우주에도 우리가 아는 지도가 있을까? 중2 과학 204

마침내 네 발 토성의 위성은 어떻게 발견되었을까? 중1 과학, 고등 선택 지구과학 212

수능으로 점프 날씨 예보에서 바람의 방향을 어떻게 예측할 수 있을까? 2014학년도 수능 220

밤하늘에서 가장 밝은 별, 정말 가장 밝을까? 2015학년도 6월 모의평가 227

모범 답안 _ 글쓰기로 문해력 잡기 234

참고문헌 254

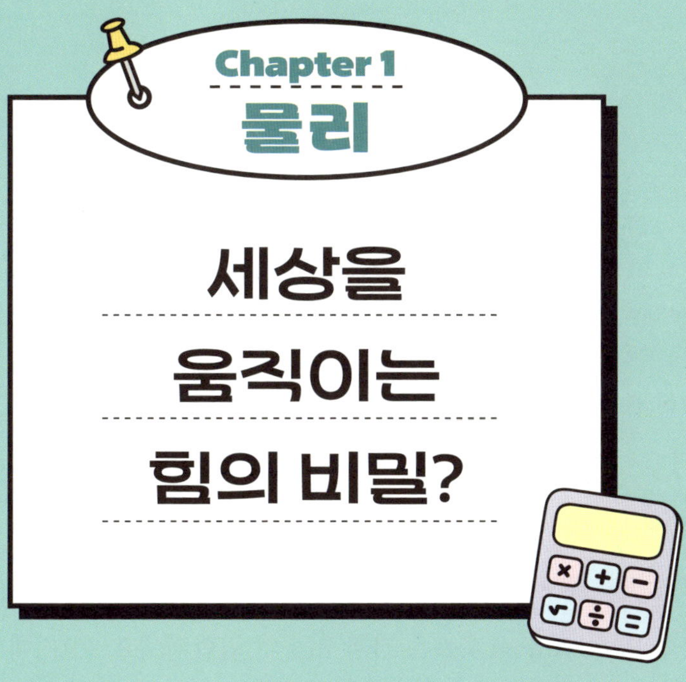

Chapter 1
물리

세상을
움직이는
힘의 비밀?

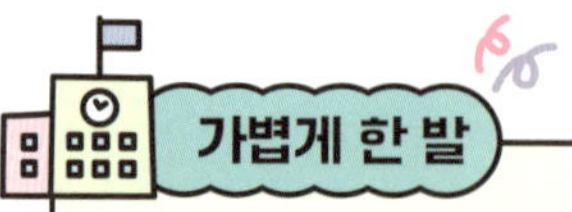

30만 톤의 거인, 해상 석유 플랫폼은 어떻게 바다 위에 서 있을까?

_ 중1 과학

📌 스토리로 생각 열기

여러분, 바다 한가운데 커다란 구조물이 떠 있다는 얘기를 들으면 어떤 생각이 드나요?

'저렇게 큰 건물이 어떻게 물 위에 떠 있을 수 있지?'

'거센 파도랑 바람에도 떠밀리지 않고 어떻게 제자리를 지키지?'

사실, 해상 석유 플랫폼은 과학 기술의 집합체예요. 이 거대한 구조물은 육지에서 멀리 떨어진 바닷속 석유를 찾아내서 끌어 올리는 역할을 해요. 우리가 쓰는 연료의 상당 부분이 바로 여기서 시작된답니다. 그렇다면 이 플랫폼은 어떻게 바다 위에 떠 있을 수 있고, 어떤 원리로 작동하는지 하나씩 알아볼까요?

바닷속 석유를 찾아내 뽑아내는 해상 석유 플랫폼은 엄청난 규모의 구조물이에요. 육지에서 수천 km 떨어진 곳에서, 높이는 25층 건물만 하고 축구장보다 넓은 이 구조물이 어떻게 바다 위에 떠 있는 걸까요? 비밀은 특별한 구조와 첨단 기술에 숨어 있어요.

사할린섬 북동쪽 해안에 위치한 Lun-A 석유 플랫폼.
©Russian.dissident

플랫폼은 크게 두 부분으로 나뉘어요. 첫 번째는 상부 구조로, 물 위에 보이는 부분이에요. 여기에는 석유를 뽑아내는 장비, 작업 공간, 사람들이 생활하는 숙소가 있어요. 어떤 플랫폼에는 헬리콥터가 뜨고 내리는 장소도 있답니다. 두 번째는 하부 구조로, 물 속에 숨어 있는 부분이에요. 하부 구조는 플랫폼의 무게를 지탱하고 균형을 잡아 주는 역할을 해요.

플랫폼이 물 위에 떠서 자리를 지키는 방법도 크게 두 가지로 나눌 수 있어요. 먼저 **고정식 플랫폼**은 바다 밑바닥에 단단히 고정돼 있어요. 깊게 뿌리 내린 나무처럼 움직이지 않고, 강한 파도에도 견딜 수 있죠. 주로 얕은 바다에서 사용해요. 다른 방법으로는 **부유식 플랫폼**이 있어요. 부유식 플랫폼은 물 위에 떠 있는 배와 비슷하지만, 닻과 케이블로 고정돼 있어 쉽게 움직이지 않아요. 하부 구조는 물의 **부력**을 이용해 떠 있도록 설계되었어요. 쉽게 말해 물을 채우거나 빼면서 떠오르거나 가라앉는 **플로팅 독**과 비슷한 원리예요. 플랫폼 안의 탱크에서 물의 양을 조절해 중심을 맞추기 때문에 폭풍 속에서도 안정적으로 자리를 지켜요.

해상 석유 플랫폼에서 석유를 뽑아내는 과정도 흥미로워요. 먼저, 바닷속에 석유가 있는지 탐사 장비로 조사해요. 석유가 있는 곳을 찾으면, 특수 장비로 바다 밑바닥을 뚫어 석유가 모여 있는 층까지 도달해요. 그다음에는 펌프를 이용해 석유를 끌어 올리죠. 그런데 이 석유는 우리가 아는 기름과 달라요. 끈적한 원유 상태인데, 플랫폼에서 1차로 정제해 불순물을 제거하고, 육지로 옮겨 정유 공장에서 우리가 쓰는 연료로 가공한답니다.

물론, 바다 한가운데에서 작업하는 건 쉬운 일이 아니에요. 거센 폭풍과 높은 파도 같은 자연의 위협이 항상 도사리고 있거든요. 그래서 플랫폼은 튼튼한 재질과 구조로 만들어지고, 작업자들은 철저한 안전 교육을 받아요. 또, 석유를 생산할 때는 기름 유출로 인한 환경오염을 막기 위해 엄격한 규정을 따라야 해요.

해상 석유 플랫폼은 극한의 환경에서도 안정적으로 작동하는 첨단 기술의 결정체예요. 이 거대한 구조물이 바다 위에 떠 있다는 사실 자체가 과학과 공학의 놀라운 성취를 보여 줘요. 다음에 바다 위에 떠 있는 플랫폼을 본다면, 그 안에 숨겨진 놀라운 과학과 기술의 세계를 떠올려 보세요.

💡 탄탄하게 개념 잡기

부력: 물속에서 물체가 떠오르는 힘이에요. 해상 석유 플랫폼 중에서도 부유식 플랫폼은 이 힘을 이용해 물 위에 떠 있어요. 물을 넣거나 빼서 높이를 조절할 수 있어요.

플로팅 독: 물 위에 떠 있는 구조물로, 물을 채우거나 빼면서 높이를 조절할 수 있는 장치예요. 부유식 해상 석유 플랫폼의 하부 구조도 플로팅 독처럼 물의 부력을 이용해 떠 있는 원리로 설계돼요. 예를 들어, 물을 채우면 가라앉고, 물을 빼면 떠오르는 방식으로 움직일 수 있어요.

무게 중심: 물체 전체의 무게가 집중된 지점을 무게 중심이라고 해요. 무게 중심이 낮을수록 물체는 더 안정적으로 설 수 있어요. 해상 석유 플랫폼은 무게 중심이 아래쪽에 있도록 설계돼 있어서, 강한 바람이나 높은 파도에도 쉽게 넘어지지 않아요.

고정식 플랫폼과 부유식 플랫폼: 고정식 플랫폼은 바다 바닥에 단단히 고정되어 움직이지 않아요. 부유식 플랫폼은 물 위에 떠 있고, 닻과 줄로 고정해 폭풍 속에서도 안정적으로 있어요.

차근차근 토대 쌓기

중요 포인트 연결하기

다음 문제를 읽고, 바다 위에 뜨는 해상 석유 플랫폼에 관하여 옳은 것은 O, 옳지 않은 것은 X로 표시해 봅시다.

1 해상 석유 플랫폼 중 부유식 플랫폼의 하부 구조가 떠 있을 수 있는 이유는 물의 부력 때문이다. (O, X)

2 해상 석유 플랫폼은 깊은 바다에서는 설치할 수 없다. (O, X)

3 해상 석유 플랫폼에서 끌어 올린 석유는 바로 자동차 연료로 사용할 수 있다 (O, X)

정답: 1: O, 2: X, 3: X

글쓰기에 필요한 어휘 다지기

부유식 해상 석유 플랫폼이 물 위에 떠 있을 수 있는 이유는 무엇일까요? 바로 부력 때문이에요. 회색 부분을 따라 적으며, 부력이 무엇인지와 어떻게 작용하는지 알아볼까요?

부력 浮 뜰부 力 힘력

· 과학에서 부력은 어떻게 사용될까?

물체가 물에 뜨려면, 물이 밀어 올리는 힘인 부력이 필요해!

· 일상에서 부력을 어떻게 사용할까?

1. 고무오리 장난감은 부력을 이용해 물 위에 뜰 수 있어요. 그래서 아이들이 물놀이를 할 때 안전하고 즐겁게 놀 수 있죠.

2. 잠수함은 부력을 조절해서 물속으로 내려가거나 다시 떠오를 수 있어요. 이 원리를 통해 깊은 바다를 탐사할 수 있답니다.

📌 글쓰기로 문해력 잡기 

바다 위에 25층 건물만 한 '해상 석유 플랫폼'이 떠 있다는 사실, 믿을 수 있나요? 지금부터 과학 전문 기자가 되어, 해상 석유 플랫폼의 구조, 과학 원리, 석유 채취 과정을 독자에게 알기 쉽게 전하는 기사를 작성해 봅시다.

글쓰기를 돕는 힌트

☑ 플랫폼의 구조와 원리를 과학 지식을 이용해 설명해 볼까요?

☑ 독자의 흥미를 끌 수 있는 도입과 마무리를 포함해 볼까요?

Q1 다음 중 하나를 활용해 기사의 첫 문장을 써 보세요.

- 놀라운 사실 던지기
- 질문 던지기

나의 문장:

Q2 해상 석유 플랫폼은 어떤 구조로 이루어져 있나요?

- 상부 구조: 어떤 공간이 있는가?
- 하부 구조: 어떤 원리로 떠 있으며 어떤 역할을 하는가?
- 플랫폼이 흔들리지 않고 자리를 지키는 이유는 무엇인가?

나의 문장:

세상을 움직이는 힘의 비밀?

Q3 독자에게 전하고 싶은 메시지를 정리해 보세요.

- 기술의 놀라움
- 과학자의 노력
- 환경과 안전의 중요성 등

나의 문장:

Q4 위의 Q1~Q3을 바탕으로 신문 기사를 작성해 보세요.

나의 문장:

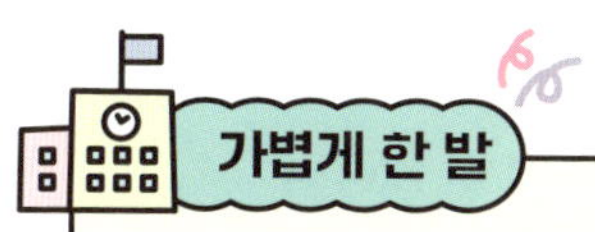

양궁 선수는 어떻게 화살을 10점에 명중시킬까?

_ 중1 과학

📌 스토리로 생각 열기

올림픽 시즌이 되면 꼭 빼놓지 않고 보는 중계 종목이 있어요. 바로 양궁이에요. 대한민국 선수들이 등장해서 활을 쏘면 첫 번째 화살 10점, 두 번째도 10점, 세 번째도 10점!

"와, 텐텐텐이야!"

거의 매번 과녁 한가운데에 화살이 정확히 꽂히는 모습을 보면, 입이 떡 벌어지고 감탄이 나와요.

"이거 실화야?" "이건 그냥 사람이 아니라 인간 레이저 아니야?"

친구들과 이런 얘기 나눈 적, 한 번쯤 있지 않나요? 특히 마지막 한 발에서 점수가 갈릴 때, 모든 관중이 숨을 죽이고 지켜보다가 10점에 꽂히는 순간 환호하는 그 장면! 마치 영화의 한 장면처럼 느껴질 정도로 멋지죠. 그리고 이런 생각도 들 거예요.

세상을 움직이는 힘의 비밀?

'나는 활을 쏘면 맞힐 수 있긴 할까? 과녁엔 가긴 하려나…?'

양궁은 보기엔 단순해 보여도, 사실 엄청난 집중력과 반복 훈련, 그리고 눈에 보이지 않는 과학의 계산이 모두 어우러진 경기예요. 선수들은 활을 당기고, 숨을 멈추고, 바람을 읽고, 거리를 계산하면서 단 몇 초 만에 화살을 쏘아야 하죠. 그 짧은 순간에 어떤 과학이 숨어 있을까요?

가장 먼저, 선수가 젖 먹던 힘까지 다해 활시위를 당기는 순간을 상상해 보세요. 활이 부러질 것처럼 아슬아슬하게 휘어지죠? 이때 활은 당겨진 만큼의 힘을 잔뜩 머금고 폭발할 준비를 해요. 마치 고무줄을 최대한으로 늘렸을 때나, 용수철을 꾹 눌렀을 때처럼 말이에요. 이렇게 휘어진 물체가 원래 모습으로 돌아가려는 힘, 이것이 바로 **탄성력**의 비밀이에요. 선수가 손가락을 탁 놓는 순간, 활이 원래 모습으로 쌩! 하고 돌아가면서 머금고 있던 모든 힘을 화살에 그대로 전달하는 거죠. 화살이 총알처럼 튀어 나가는 첫 번째 이유랍니다.

자, 그럼 이제 에너지를 잔뜩 받은 화살은 과녁을 향해 똑바로 날아가기만 하면 될까요? 아쉽지만 그렇지가 않아요. 화살이 활을 떠나는 그 순간부터, 눈에 보이지 않는 힘이 화살의 어깨를 슬며시 아래로 잡아당기기 시작해요. 바로 지구가 모든 물체를 끌어당기는 힘, **'중력'**이죠. 그래서 선수들이 아무리 과녁을 일직선으로 똑바로 겨냥하고 쐈다고 생각해도, 화살은 결국 아래로 살짝 떨어지면서 부드러운 곡선을 그리며 날아가요. 이 아름다운 곡선을 멋진 말로 **포물선**이라고 부르죠. 결국 선수들은 중력이 얼마나 화살을 끌어당길지 예측하고, 실제 과녁보다 조금 더 위쪽을 겨냥해야만 해요. 보이지 않는 힘과 수싸움을 하는 셈이에요.

여기서 끝이 아니에요. 양궁 경기는 대부분 탁 트인 야외에서 열리잖아요? 화살의 앞길을 가로막는 또 다른 방해꾼이 등장해요. 바로 '공기'와 '바람'이죠. 눈에 보이지 않는다고 무시하면 큰일 나요. 화살은 엄청난 속도로 날아가면서 수많은 공기 알갱이와 부딪쳐요. 이 **저항**만으로도 화살의 속도가 조금씩 느려지죠. 그런데 만약 옆에서 바람까지 휙 분다면 어떨까요? 화살은 자기도 모르게 살짝 옆으로 밀려나 버릴 거예요. 그래서 선수들이 경기장의 작은 깃발을 유심히 보거나 뺨에 스치는 공기의 느낌으로 바람을 읽는 거랍니다. 이 보이지 않는 방해꾼의 심술을 이겨 내야만 비로소 10점에 도달할 수 있는 거죠.

이렇게 우리가 TV로 보는 그 한 발에는 탄성, 중력, 바람과의 복잡한 수싸움이 숨어 있어요. 선수들은 그 복잡한 계산을 머리로 하나하나 따지기보다, 수천수만 번의 연습을 통해 온몸으로 익혀 낸 거예요. 그래서 우리는 그 멋진 순간, 화살이 바람을 가르며 과녁 한가운데에 꽂히는 장면을 볼 수 있는 거죠.

다음에 양궁 경기를 보게 된다면, 선수의 멋진 집중력과 실력뿐 아니라, 그 속에 숨어 있는 과학의 원리도 함께 떠올려 보세요. 정확한 한 발에는 단지 기술만이 아니라, 과학과 훈련이 함께 만들어 낸 놀라운 힘이 담겨 있답니다.

탄성력: 휘어진 물체가 원래 모양으로 돌아가려는 힘이에요. 활을 당기면 휘어지면서 에너지가 저장되고, 손을 놓는 순간 이 힘이 화살을 앞으로 밀어내요. 고무줄을 당겼다가 놓으면 튕겨 나가는 것과 같은 원리예요.

중력: 지구가 모든 물체를 끌어당기는 힘이에요. 화살은 이 중력 때문에 똑바로 가지 않고 점점 아래로 떨어져요. 양궁 선수들은 이 힘을 미리 계산해서 쏘는 방향을 조절해요.

포물선 운동: 물체가 앞으로 날아가면서 중력 때문에 아래로 떨어지는 곡선 모양의 운동이에요. 화살도 활을 떠난 순간부터 중력의 영향을 받아 위에서 아래로 휘면서 날아가요. 그래서 과녁보다 조금 위쪽을 겨냥해야 정확히 맞힐 수 있어요.

공기 저항: 물체가 공기 속을 움직일 때, 공기와 부딪쳐서 생기는 움직임을 방해하는 힘이에요. 화살이 날아가는 동안 공기의 저항을 받아서 속도가 줄어들고 방향도 살짝 바뀔 수 있어요. 바람이 불면 더 큰 영향을 받기 때문에, 선수들은 바람까지 계산해 쏴야 해요.

📌 차근차근 토대 쌓기

다음 문제를 읽고, 양궁의 원리에 관하여 옳은 것은 O, 옳지 않은 것은 X로 표시해 봅시다.

1 공기는 눈에 보이지 않지만 화살의 속도나 방향에 영향을 줄 수 있다. (O, X)

2 화살은 활에서 나간 뒤, 곧은 직선으로 과녁까지 날아간다. (O, X)

3 양궁 경기는 대부분 실내에서 열리기 때문에 바람의 영향을 거의 받지 않는다. (O, X)

정답: 1: O, 2: X, 3: X

글쓰기에 필요한 어휘 다지기

양궁 선수가 쏜 화살이 바람에 밀려 과녁을 벗어났다면 왜 그런 걸까요? 바로 공기 저항 때문이에요. 회색 부분을 따라 적으며, 저항이 무엇인지와 어떻게 작용하는지 알아볼까요?

저항 抵 막을 저 抗 항거할 항

· 과학에서 저항은 어떻게 사용될까?

공기 저항은 물체가 공기 속을 움직일 때, 공기가 그 움직임을 방해하는 힘이에요.

· 일상에서 저항을 어떻게 사용할까?

1. 낙하산은 일부러 공기 저항을 크게 만들어 천천히 떨어지게 해요.

2. 스포츠카는 공기 저항을 줄이기 위해 매끈하고 날렵한 모양으로 만들어졌어요.

📌 글쓰기로 문해력 잡기

올림픽 무대를 보며 감탄했던 적이 있나요? 이제 여러분이 관찰 저널을 쓰는 청소년 양궁 선수가 되어, 양궁 경기에서 발견한 과학 원리와 프로 선수들의 기술을 분석하는 글을 작성해 볼 거예요.

글쓰기를 돕는 힌트

- ☑ 양궁에서 발견한 과학 원리(탄성력, 포물선 운동, 공기 저항 등)를 설명해 볼까요?
- ☑ 청소년 선수의 시선에서 감탄, 궁금증, 배운 점이 잘 드러나게 써 볼까요?
- ☑ 생생한 장면으로 시작하고, 나만의 배움으로 마무리해 볼까요?

Q1 다음 중 하나를 활용해 기사의 첫 문장을 써 보세요.

- 놀라운 사실 던지기
- 질문 던지기

나의 문장: ________________________________

____

Q2 청소년 양궁 선수의 눈으로 본 프로 선수들의 움직임은 어떤가요?

- 프로 선수들은 어떤 점에서 놀라웠나요?
- 그 속에 숨은 과학 원리는 무엇이었나요?

Chapter 1. 물리

나의 문장: _______________________________

____

____

____

____

____

Q3 내가 배우고 느낀 점은 무엇인가요?

- 과학의 원리를 알고 나니 경기를 보는 눈이 달라졌나요?
- 나도 그렇게 되기 위해 어떤 노력을 해야겠다고 느꼈나요?

나의 문장: _______________________________

____

____

____

세상을 움직이는 힘의 비밀?

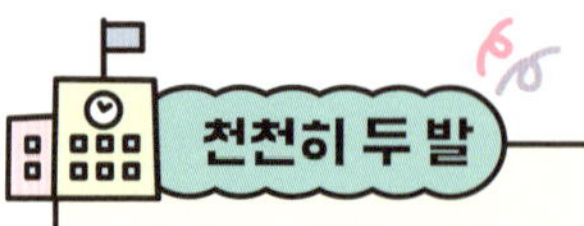

자동차가 일부러 벽에 부딪치는 이유는?

_ 중1 과학, 고등 통합과학

📌 스토리로 생각 열기

여러분, 자동차가 얼마나 안전한지 생각해 본 적 있나요? SUV 자동차가 25톤 트럭과 **충돌**했는데, 탑승자들이 큰 사고 없이 모두 무사했던 일이 뉴스에 나와 화제가 된 적이 있어요. 한 방송인은 고속도로에서 다중 충돌 사고를 겪었지만 다행히도 큰 부상을 입지 않았다고 했고요. 이런 놀라운 일들이 가능한 이유는 바로 자동차 충돌 테스트 덕분입니다.

자동차 충돌 테스트는 실제 사고를 재현해 자동차가 얼마나 안전한지 확인하는 실험이에요. 자동차를 벽이나 장애물에 일부러 부딪쳐 차가 **충격**을 얼마나 **흡수**하는지, 탑승자를 얼마나 보호할 수 있는지를 평가하죠. 이런 실험 덕분에 자동차는 점점 더 안전하게 설계됩니다. 단순히 광고 문구로 "안전하다"라고 말하는 것이 아니라, 실제 실험 데이터를 통해 증명하는 것이죠.

자동차 충돌 테스트는 왜 중요할까요? 자동차 탑승자의 생명을 보호할 수 있기 때문이에요. 사고가 나도 큰 부상을 막을 수 있는 자동차를 만들기 위해 자동차 제조 회사는 충돌 테스트 데이터를 활용합니다. 데이터는 차체 구조, 안전벨트, 에어백 성능을 개선하는 데 쓰여요. 또 소비자들이 안전한 차를 선택할 수 있도록 객관적인 기준도 제공해요.

충돌 테스트는 다양한 상황을 가정해 진행돼요. 정면충돌 테스트는 차가 벽에 정면으로 부딪치는 경우를 실험하고, 부분 정면충돌 테스트는 차 앞부분의 일부만 부딪치는 상황을 평가합니다. 측면 충돌 테스트는 옆에서 충돌할 때, 기둥 측면 충돌 테스트는 좁고 단단한 물체와 부딪칠 때를 가정하죠. 이렇게 여러 방식으로 자동차의 안전성을 철저히 검증합니다.

테스트에는 사람 대신 더미라는 인체 모형을 사용해요. 더미에는 센서가 달려 있어 사고 시 머리, 가슴, 다리 등이 받는 충격을 측정합니다. 다양한 속도와 각도로 차를 충돌시켜 데이터를 수집하고, 안전벨트와 에어백이 제대로 작동하는지 확인해요.

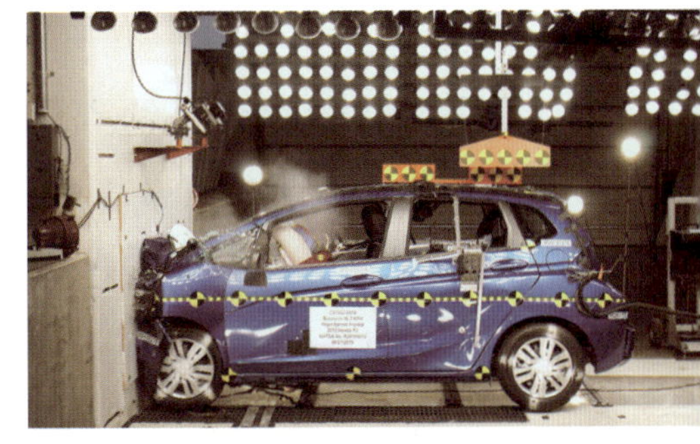

미국 도로교통국에서 2016년형 혼다 자동차를 시속 56km로 벽에 정면충돌 테스트한 장면.
©Calspan Corporation,
National Highway Traffic Administration

충돌 테스트는 단순히 차를 부수는 실험이 아니에요. 우리의 생명을 지키기 위해 꼭 필요한 과정이에요. 자동차 회사들이 이런 연구와 실험을 계속하기 때문에 우리는 점점 더 안전한 차를 탈 수 있습니다. 다음에 자동차를 탈 때, 그 차가 단순한 이동 수단이 아니라 여러분을 지켜 주는 보호막이라는 사실을 떠올려 보세요!

탄탄하게 개념 잡기

충돌: 두 물체가 서로 부딪치는 현상이에요. 충돌이 일어나면 물체의 움직임이 변하고, 속도나 방향이 달라질 수 있어요. 예를 들어, 자동차 충돌 테스트에서는 차와 벽이 부딪치면서 충격이 얼마나 큰지, 차가 이를 얼마나 잘 흡수하는지 확인해요.

관성: 움직이던 물체는 계속 움직이려고 해요. 이걸 관성이라고 해요. 자동차가 갑자기 멈춰도 안에 있던 사람은 계속 앞으로 움직이려고 하죠. 그래서 안전벨트가 꼭 필요해요. 벨트를 하지 않으면 관성 때문에 몸이 앞으로 튕겨 나가 다칠 수 있어요. 관성을 이해하면 왜 충돌 테스트에서 안전벨트 실험이 중요한지도 알 수 있어요.

충격 흡수: 부딪칠 때 생기는 힘을 줄이는 과정을 말해요. 자동차는 충돌 시 탑승자를 보호하기 위해 차체가 충격을 흡수하도록 설계돼요. 이렇게 하면 충격이 차 안으로 덜 전달되어 사람들이 더 안전하게 보호될 수 있어요.

 자동차 안에는 사고가 났을 때 사람을 보호해 주는 장치들이 있어요. 대표적인 것이 에어백과 안전벨트예요. 에어백은 사고 순간 빠르게 부풀어 올라 머리와 몸을 부드럽게 받쳐 주고, 안전벨트는 몸이 심하게 흔들리거나 튕겨 나가는 것을 막아 줘요. 이런 안전장치들이 충격을 줄이고 생명을 보호하는 데 큰 역할을 해요.

중요 포인트 연결하기

다음 문제를 읽고, 자동차 충돌 테스트에 관하여 옳은 것은 O, 옳지 않은 것은 X로 표시해 봅시다.

1 자동차 충돌 테스트에는 실제 사람 대신 더미 모형이 활용된다. (O, X)

2 자동차 충돌 테스트는 정면충돌 상황만 가정해서 자동차를 평가한다. (O, X)

3 자동차 충돌 테스트는 탑승자의 생명을 보호하기 위해 자동차의 안전성을 검증하는 과정이다. (O, X)

정답: **1**: O, **2**: X, **3**: O

글쓰기에 필요한 어휘 다지기

자동차가 일부러 벽에 부딪치는 이유는? 자동차 충돌 테스트로 차의 안전성을 검증하기 위해서지요. 회색 부분을 따라 적으며, 충돌이 무엇인지와 어떻게 작용하는지 알아볼까요?

충돌 衝 부딪칠 충 突 갑자기 돌

· 과학에서 충돌은 어떻게 사용될까?

충돌은 두 물체가 부딪치는 현상이죠. 축구공을 발로 찰 때, 공의 속도와 방향이 바뀌는 것도 충돌 때문이에요!

· 일상에서 충돌을 어떻게 사용할까?

1. 손흥민 선수가 축구공을 강하게 찰 때 발과 공이 부딪치면서 충돌이 일어나요. 이 충돌 때문에 공이 멀리 날아가요.

2. 자동차 충돌 테스트에서는 벽에 차가 부딪칠 때 충격이 얼마나 큰지 확인해요. 충돌 덕분에 안전한 차를 만들 수 있죠.

 글쓰기로 문해력 잡기

자동차 충돌 테스트는 단순히 자동차를 부수는 실험이 아니라 우리를 지키기 위한 중요한 실험이에요. 자동차 충돌 테스트가 왜 나와 우리 가족의 삶과 관련이 있는지 자신의 이야기를 함께 연결 지어 글을 써 보세요.

글쓰기를 돕는 힌트

☑ 자동차 안전이 왜 중요한지 나의 경험이나 주변 이야기를 연결해 볼까요?

☑ 단순한 정보 전달이 아닌 '나의 이야기'가 들어갔는지 확인해 볼까요?

Q1 자동차 사고나 위험 상황을 경험한 적이 있나요?

· 가족, 친구, 뉴스 등을 떠올려 보세요.
· 어떤 일이 있었는지 간단히 서술해 보세요.

나의 문장: ____________________________________

____

____

____

Q2 그때 안전장치 덕분에 큰 사고를 피했나요, 아니면 아쉽게도 그러지 못했나요?

- 어떤 일이 있었는지 구체적으로 적어 보세요.
- 안전벨트, 에어백 등 안전장치의 사용 여부나 아쉬웠던 점도 포함해 보세요.

나의 문장: ____

____

____

____

Q3 이 경험을 통해 자동차 충돌 테스트의 중요성에 대해 느낀 점은 무엇인가요?

- 충돌 테스트가 왜 중요한지, 나의 생각 정리 등

나의 문장: ____

____

____

____

전기차, 정말 안전할까?
배터리 속 숨은 비밀

_ 중2 과학, 고등 통합과학

📌 스토리로 생각 열기

전기차는 휘발유나 경유를 사용하지 않아 환경을 보호하는 차로 주목받고 있어요. 연료 대신 전기를 사용해 조용하고 깨끗하게 달릴 수 있죠. 기름값 걱정도 덜고, 한 번 충전으로 먼 거리까지 갈 수 있어서 많은 사람들이 전기차를 선택하고 있습니다.

그런데 이렇게 친환경적이고 안전할 것 같은 전기차에서도 화재가 발생할 수 있다는 사실, 알고 있었나요? 2024년 8월, 인천 청라의 한 아파트 지하 주차장에서 전기차 화재로 약 800대의 차량이 피해를 입는 사고가 있었습니다. 전문가들은 이 사고의 원인으로 **전기차 배터리**에 문제가 생겼을 가능성을 제기하고 있어요.

전기차 배터리는 너무 뜨거워지면 안에 있는 얇은 막이 녹으면서 양극과 음극 사이에 흐르는 전기가 엉키고, 온도가 갑자기 올라가 불이 날 수 있습니다. 특히, 지하 주차장처럼 열이 잘 빠져나가지 않는 곳에서는 이런 문제가 더 심각해질 수 있어요. 전기차 배터리가 왜 이런 위험을 가지고 있는지 알아볼까요?

배터리는 전기를 저장했다가 필요할 때 꺼내 쓸 수 있게 해 주는 장치예요. 휴대폰을 충전해서 사용하는 것과 비슷합니다. 전기차는 휘발유나 경유를 태워 에너지를 만들어 내는 대신, 배터리에 저장된 전기로 움직이는 차입니다.

배터리 안에는 몇 가지 중요한 부품이 있어요. 전기를 보내는 **양극**, 전기를 받아들이는 **음극**, 이 둘이 서로 닿지 않게 막아 주는 **분리막**, 그리고 전기가 잘 흐르도록 돕는 **전해액**입니다. 이 네 가지가 잘 작동하면 배터리는 안전하게 전기를 저장하고, 이를 꺼내 사용할 수 있어요.

특히 양극과 음극은 서로 닿으면 큰일 납니다. 양극과 음극이 직접 닿게 되면 전기가 잘못 흘러 배터리가 망가지거나, 심할 경우 폭발이나 화재가 발생할 수 있어요. 그래서 두 부분 사이에는 분리막이라는 얇은 막이 있어요. 분리막은 양극과 음극이 닿지 않도록 막아 주는 역할을 하죠. 하지만 이 분리막은 열에 약해요. 너무 뜨거워지면 녹아 버릴 수 있답니다.

분리막이 녹으면 양극과 음극이 직접 닿아 배터리 내부에서 전기가 잘못 흐르고, 이로 인해 온도가 급격히 올라가면서 큰 문제가 생겨요. 이 현상을 **열 폭주**라고 해요. 열 폭주는 배터리가 과열되면서 불이 나거나 폭발로 이어질 수 있는 위험한 상황이에요.

청라 화재 사고도 이런 분리막 문제가 원인으로 지목되고 있습니다. 배터리 내부의 열이 너무 높아지면서 분리막이 녹고, 그로 인해 양극과 음극이 닿아 사고가 발생했을 가능성이 있다고 해요. 이런 사고를 막으려면 배터리를 더 튼튼하고 안전하게 만드는 것이 중요합니다. 그래서 과학자들은 더 강하고 열에 잘 견디는 분리막을 개발하고 있어요.

전기차는 배터리 문제만 해결된다면 정말 멋진 기술력을 갖춘 차입니다. 환경을 보호하면서 기름을 사용하지 않고도 달릴 수 있는 미래형 교통수단이죠. 하지만 전기차를 더 안전하고 오래 사용하기 위해서는 해결해야 할 과제가 있습니다.

첫째는 안전성이에요. 배터리가 과열되어 화재가 나는 문제는 반드시 막아야겠죠? 둘째는 내구성입니다. 배터리는 시간이 지나면서 성능이 떨어지는데, 오래 써도 처음처럼 성능이 유지되는 배터리가 필요해요. 셋째는 친환경성입니다. 전기차 배터리의 핵심 부품인 리튬은 채굴과 생산 과정에서 생태계 파괴를 유발할 수 있어요. 이 같은 자원을 사용할 때 환경에 미치는 영향을 줄이는 방법을 찾아야 해요.

이처럼 전기차가 가진 문제를 하나씩 해결해 간다면, 더 많은 사람들이 안심하고 전기차를 선택할 수 있을 거예요. 여러분도 이런 미래를 만드는 데 함께할 수 있지 않을까요?

열 폭주: 배터리 안의 온도가 너무 높아지면, 점점 더 온도 상승이 가속화되는 위험한 현상이 생겨요. 이걸 열 폭주라고 해요. 열 폭주로 인해 분리막이 녹으면 양극과 음극이 닿게 되며 전기가 잘못 흐르고, 더 많은 열이 생기는 악순환이 이어지죠. 결국 화재나 폭발 같은 큰 사고로 이어질 수 있어요. 그래서 배터리의 열 폭주를 막는 기술이 아주 중요해요.

배터리: 배터리는 전기를 저장하고 필요할 때 꺼내 쓸 수 있는 장치로, 전기차가 도로 위에서 달리기 위해서 꼭 필요해요. 전기차 배터리는 휴대폰처럼 충전한 전기를 저장해 두었다가 차량이 움직일 때 사용하는 방식으로 작동해요.

분리막: 배터리 안에서 양극과 음극이 직접 닿지 않도록 가로막는 아주 얇은 막이에요. 분리막 덕분에 전기가 안전하게 흐를 수 있어요. 그런데 이 분리막은 열에 약해요. 너무 뜨거워지면 녹아 버려서 양극과 음극이 닿게 되고, 큰 사고로 이어질 수 있어요. 그래서 분리막은 크기는 작아도 배터리 안전에서 매우 중요한 역할을 해요.

양극과 음극: 배터리 안에서는 전기를 보내는 양극과 전기를 받아들이는 음극이 중요한 역할을 해요. 양극과 음극은 서로 직접 닿지 않도록 분리막으로 막혀 있으며, 만약 닿으면 전기가 잘못 흐르며 배터리가 과열되어 화재나 폭발 같은 위험한 상황이 발생할 수 있어요.

전해액: 배터리 내부에 들어 있는 액체로, 양극과 음극 사이에서 전기가 원활하게 흐를 수 있도록 돕는 역할을 합니다. 전해액이 제대로 작동해야 안전하게 에너지를 저장하고 사용할 수 있어요.

중요 포인트 연결하기

다음 문제를 읽고, 전기차 배터리에 관하여 옳은 것은 O, 옳지 않은 것은 X 로 표시해 봅시다.

1 열 폭주는 배터리가 과열되면서 불이 나거나 폭발로 이어질 수 있는 현상이다. (O, X)

2 전기차 배터리의 성능은 시간이 지나도 절대 떨어지지 않는다. (O, X)

3 전기차 배터리 안에 있는 분리막은 양극과 음극이 닿지 않도록 막아 주는 역할을 한다. (O, X)

정답: 1: O, 2: X, 3: O

글쓰기에 필요한 어휘 다지기

전기차가 멈추지 않고 달릴 수 있는 건 바로 배터리에 저장된 전기 덕분이에요. 회색 글씨를 따라 적으며 전기가 어떻게 저장되고 사용되는지 알아볼까요?

전기 電 번개 전 氣 기운 기

· 과학에서 전기는 어떻게 사용될까?

전기는 물체를 움직이게 하는 힘을 만들 수 있어요!

예를 들어, 전기차는 배터리에 저장된 전기를 사용해 모터를 돌려요. 모터가 바퀴를 움직이면 차가 앞으로 나아갈 수 있답니다.

· 일상에서 전기를 어떻게 사용할까?

1. 전기를 사용하면 휴대폰 화면이 켜지고 정보를 처리할 수 있어요. 그래서 우리는 전화를 걸거나 메시지를 주고받을 수 있답니다.

2. 냉장고는 전기로 내부를 차갑게 만들어 음식을 신선하게 유지해요. 덕분에 음식을 오래 보관할 수 있답니다.

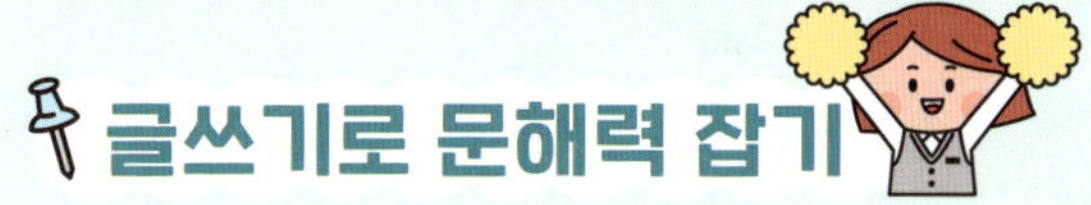 글쓰기로 문해력 잡기

전기차 배터리 화재, 왜 발생할까요? 앞에서 배운 내용을 바탕으로, 간단한 요약과 과학 개념 정리를 해 볼까요? 어렵게만 느껴지는 과학 지식을 정확하게 이해하고, 나만의 문장으로 써 보는 것이 목표예요.

글쓰기를 돕는 힌트

☑ 중요한 과학 지식을 세 문장 이내로 요약해 볼까요?

☑ 어려워 보이는 과학 용어를 나의 말로 풀어 설명해 볼까요?

Q1 전기차 배터리에서 화재가 발생하는 이유를 세 문장 이내로 요약해 보세요.

· **힌트** 과열 → 분리막 손상 → 열 폭주의 흐름

나의 문장: ______________________

____

____

Q2 아래 과학 용어 중 하나를 골라, 나만의 말로 쉽게 설명해 보세요.

· **보기** 열 폭주, 분리막, 양극과 음극

나의 문장: ______________________

____

____

Q3 만약 내 스마트폰 배터리에서 '열 폭주' 같은 일이 생긴다면 어떤 일이 일어날까요? 내가 겪을 수 있는 불편함, 위험, 대처 방법을 자유롭게 상상해서 써 보세요.

나의 문장: ____

____

____

____

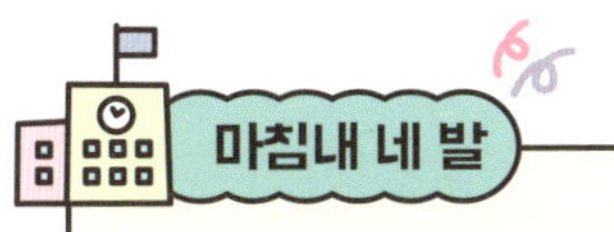

시간이 멈출 수도 있다고?
블랙홀에선 가능하지!

_ 고등 선택 물리

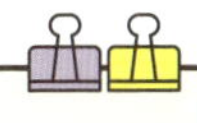

스토리로 생각 열기

여러분은 하루가 너무 빨리 지나갔다고 느낀 적이 있나요? 아니면 시간이 멈춘 것처럼 느리게 흐른다고 생각해 본 적 있나요? 사실, 우리의 기분이나 상황에 따라 시간의 흐름이 다르게 느껴지는 건 자연스러운 일이에요. 서울에 사는 사람도, 뉴욕에 사는 사람도 똑같이 하루 24시간을 보내는 건 당연한 사실이지만요. 그런데 만약 **블랙홀** 근처에 있다면, 시간이 정말로 다르게 흐를 수 있다는 걸 알고 있나요? 블랙홀에 가까워질수록 시간이 아주 천천히 흐른다고 해요. 그 이유는 무엇일까요?

우리가 평소에 아는 시간의 개념은 **고전 물리학**을 바탕으로 합니다. 고전 물리학에 따르면 시간은 누구에게나 똑같이 흐르지요. 하지만 아인슈타인의 **일반 상대성 이론**에 따르면, 시간은 **중력**에 따라 다르게 흐를 수 있어요. 중력이 강한 곳에서는 시간이 느려지는데, 블랙홀이 그 대표적인 예입니다.

시간이 느려지는 현상, 즉 **시간 팽창**은 우리가 일상에서 흔히 겪을 수 있는 일은 아니에요. 하지만 빛의 속도에 가까운 속도로 움직이는 물체나, 중력이 매우 강한 곳에서 이 현상이 일어납니다. 예를 들어, 우주 비행사가 빛의 속도에 가까운 속도로 우주선을 타고 여행한다고 상상해 볼까요? 지구에서 1년이 지났을 때, 우주 비행사는 몇 달밖에 지나지 않았다고 느낄 수도 있어요.

이런 시간 팽창 현상을 영화 〈인터스텔라〉에서도 흥미롭게 보여줍니다. 주인공 쿠퍼는 딸 머피와 헤어진 뒤 다른 행성으로 탐사를 떠나요. 그런데 쿠퍼가 블랙홀 근처의 행성으로 내려갔을 때, 그 행성의 강한 중력 때문에 시간이 느리게 흐르게 됩니다. 지구에서는 수십 년이 흘렀지만, 그 행성에 있던 쿠퍼와 동료들은 단지 몇 시간만 지난 것처럼 느꼈어요. 결국, 몇 시간의 탐사 후 지구로 돌아왔을 때, 딸 머피는 이미 손자, 손녀가 있는 나이가 되어 있었지요. 이처럼 빠르게 움직이거나 중력이 강한 곳에서는 시간이 다르게 흐릅니다.

물론, 우리가 일상에서 이런 극단적인 상황을 경험할 수는 없습니다. 하지만 지구에서도 중력 때문에 시간이 아주 조금 다르게 흐른다는 걸 알고 있나요? 높은 산 위에 사는 사람과 해수면 근처에 사는 사람의 시간은 아주 미세하게 차이가 납니다. 해수면에 사는 사람이 높은 산 위에 사는 사람보다 더 강한 지구 중력을 받기 때문에, 시간이 아주 조금 더 느리게 흐르는 것이죠. 그 차이는 1년에 약 10나노초(1나노초는 10억분의 1초) 정도예요. 이렇게 중력과 시간은 밀접하게 연결되어 있습니다.

왜 블랙홀에서는 시간이 크게 느려질까요? 블랙홀은 거대한 질량이 작은 공간에 압축된 천체로, 그 중력은 상상을 초월할 정도로 강해요. 중력이 강할수록 시간은 더 느리게 흐릅니다. 만약 블랙홀 근처에 있는 우주선과 멀리 떨어진 우주선의 시간을 비교한다면, 블랙홀 근처에 있는 우주선의 시간이 훨씬 더 느리게 흐르겠지요.

그렇다면 블랙홀에서는 시간이 얼마나 느리게 흐를까요? 블랙홀의 중력은 너무 강해서, 시간이 거의 멈춘 것처럼 느껴질 수 있습니다. 예를 들어, 블랙홀 근처에서는 몇 분밖에 지나지 않았는데, 멀리 떨어진 사람들에게는 몇 년 혹은 수십 년이 흘렀을 수 있습니다.

이런 현상은 블랙홀의 **사건의 지평선** 근처에서 가장 극적으로 나타나요. 사건의 지평선은 블랙홀의 중심에서 일정 거리 떨어진 가상의 경계로, 이 경계를 넘으면 빛조차도 빠져나올 수 없습니다. 사건의 지평선 가까이에서는 시간이 거의 멈춘 것처럼 보입니다.

혹시 가수 윤하의 노래 〈사건의 지평선〉을 들어 본 적 있나요? 이 노래에서 '사건의 지평선'은 우리가 헤쳐 나갈 수 없는 상황이나 관계의 끝을 비유합니다. 블랙홀의 사건의 지평선을 넘어가면 아무리 노력해도 돌아올 수 없듯이, 노래에서도 한 번 지나간 감정이나 시간은 되돌릴 수 없다는 메시지를 담고 있어요. 하지만 노래는 여기서 끝나지 않고, 그런 경계를 넘어서도 우리에게 새로운 길이 열릴 수 있다는 희망을 전합니다. 마치 블랙홀 너머에 있는 미지의 세계처럼, 우리의 삶도 사건의 지평선을 넘어섰을 때 새로운 시작이 될 수 있다는 뜻이지요.

우리는 시간이 빠르게 흐르거나 느리게 흐른다고 느낄 때가 많습니다. 감정과 경험 때문이라고 생각할 수도 있지만, 사실 시간의 흐름은 과학적으로 달라질 수 있다는 점이 흥미롭습니다. 높은 산과 낮은 해변에서 시간이 조금씩 다르게 흐르는 것처럼, 우리가 경험하는 시간은 고정된 것이 아니라 변화하는 개념입니다. 윤하의 노래처럼 '사건의 지평선'은 마치 돌아갈 수 없는 마지막 경계처럼 느껴지지만, 그 너머에는 새로운 가능성과 희망이 기다리고 있을지도 모릅니다. 시간이 어떻게 흐르든, 그 안에서 우리는 새로운 길을 찾아 나갈 수 있다고 생각해 보면 어떨까요?

💡 탄탄하게 개념 잡기

고전 물리학: 아이작 뉴턴이 제시한 물리학 이론으로, 우리가 일상에서 경험하는 물체의 움직임을 설명하는 학문이에요. 이 이론에 따르면 시간과 공간은 고정된 개념으로, 누구에게나 동일하게 흐르며 절대적입니다.

중력: 지구가 물체를 끌어당기는 힘이에요. 예를 들면, 축구공이 공중에 떠 있지 않고 땅으로 떨어지는 이유도 바로 중력 때문입니다. 공중으로 공

을 찼을 때, 공은 잠시 동안 위로 올라가지만 결국 땅으로 떨어지게 되지요. 이것은 지구가 공을 끌어당기기 때문이에요.

일반 상대성 이론: 아인슈타인이 제안한 이론으로, 중력이 물체 간의 힘이 아니라 시공간의 휘어짐에 의해 발생한다고 설명해요. 중력이 강한 곳에서는 시간과 공간이 왜곡되며, 시간은 절대적이지 않고 상대적이에요. 이 이론은 특히 블랙홀과 같은 매우 강한 중력장 안에서 시간과 공간이 어떻게 변하는지를 설명하는 데 중요한 역할을 합니다.

시간 팽창: 중력이 강한 곳에서 시간이 느리게 흐르고, 중력이 약한 곳에서는 시간이 더 빠르게 흐르는 현상이에요. 블랙홀처럼 중력이 매우 강한 천체 근처에서는 시간이 더 천천히 흘러갑니다. 예를 들어, 블랙홀 근처에 있을 때 시간이 몇 분밖에 지나지 않은 것처럼 느껴져도 지구에서는 몇 년의 시간이 흐른 상태일 수 있어요.

블랙홀: 거대한 질량이 작은 공간에 압축된 천체로, 중력이 매우 강력하여 빛조차 빠져나올 수 없어요. 중력이 극단적으로 강하기 때문에 블랙홀 근처에서는 시간이 매우 느리게 흐르는 '시간 팽창' 현상이 발생해요.

사건의 지평선: 사건의 지평선은 블랙홀 주변의 가상의 경계로, 이 경계를 넘어서면 빛을 포함한 아무것도 블랙홀에서 빠져나올 수 없어요. 사건의 지평선 안쪽에서는 시간이 거의 멈춘 것처럼 보이며, 외부에서 관찰할

때 그 안으로 들어간 물체는 영원히 그 경계를 넘지 못하는 것처럼 보입
니다.

                                        Chapter 1. 물리

차근차근 토대 쌓기

중요 포인트 연결하기

다음 문제를 읽고, 시간의 물리적 현상에 관하여 옳은 것은 O, 옳지 않은 것은 X로 표시해 봅시다.

1 블랙홀 근처에서는 시간이 더 빠르게 흐른다. (O, X)

2 블랙홀의 사건의 지평선을 넘으면 빛조차 빠져나올 수 없다. (O, X)

3 높은 산에 사는 사람과 해수면 근처에 사는 사람은 동일한 속도로 시간이 흐른다. (O, X)

정답: 1: X, 2: O, 3: X

글쓰기에 필요한 어휘 다지기

우주 곳곳에서 서로 시간이 다르게 흐르는 이유는? 바로 행성의 중력 때문이에요. 회색 부분을 따라 적으며, 중력이 무엇인지와 어떻게 작용하는지 알아볼까요?

중력 重 무거울 중 力 힘 력

· 과학에서 중력은 어떻게 사용될까?

사과가 땅으로 떨어지는 이유는 중력 때문이에요. 중력은 항상 물체를 끌어당기는 힘이에요!

· 일상에서 중력을 어떻게 사용할까?

1. 농구 선수의 점프에 한계가 있는 것도 중력 때문이에요. 중력이 없었다면 하늘로 계속 올라갔겠죠!

2. 비행기가 하늘을 나는 동안에도 중력이 작용하고 있어요. 그래서 날기 위해 엔진의 힘이 필요한 거예요.

📌 글쓰기로 문해력 잡기

'블랙홀에서는 시간이 지구와 다르게 흐른다'는 사실을 알게 된 여러분! 이제 천체물리학 박사님이 기자와 인터뷰하는 글을 써 봅시다. 기자의 질문에 박사님이라면 어떻게 답변할지 상상해 보세요.

글쓰기를 돕는 힌트

☑ 블랙홀 근처에서 시간이 어떻게 흐르는지, 우리 일상 속 시간과 비교해 생각해 봅시다.

☑ 블랙홀, 사건의 지평선, 시간 팽창이라는 개념을 앞서 배운 과학 이야기에서 참고하여 쉽게 풀어 써 볼까요?

- **기자:** 안녕하세요, 박사님. 블랙홀에 대해 많은 사람들이 궁금해하는데, 블랙홀에 대해 설명해 주시면 감사하겠습니다.
- **박사:** 그 누구도 블랙홀 안에 빠지면 다시 나올 수 없기 때문에 '블랙홀'이라는 이름이 붙여졌습니다. 구체적으로 설명드리면

- **기자:** 그렇군요! 그런데 박사님, 블랙홀 근처에서는 시간이 느리게 흐른다고 하던데, 그 이유가 무엇인가요?
- **박사:** 우리가 사는 일상에서는 시간이 모두에게 똑같이 흐르는 것처럼 느껴지죠. 하지만 블랙홀 근처에서는 다르답니다. 구체적으로 설명드리면

- **기자:** 그럼 시간이 가장 느리게 흐르는 곳은 어디인가요?

- **박사:** 블랙홀에서는 시간이 가장 극적으로 느려지는 곳이 바로 '사건의 지평선'입니다. 사건의 지평선을 좀 더 말씀드리면

- **기자:** 블랙홀은 정말 신비로운 존재네요. 시간과 관련된 이 현상도 매우 놀랍습니다. 과학자들은 블랙홀에 대해 더 많은 것을 알아내고 있나요?

- **박사:** 맞습니다. 블랙홀은 단순히 무서운 천체가 아니라, 시간과 중력을 연구하는 데 있어서 아주 중요한 단서가 되는 존재입니다. 과학자들은 이런 블랙홀의 시간 팽창 현상에 대해 꾸준히 연구하고 있으며, 앞으로 더 많은 신비를 풀어낼 수 있을 것이라고 기대하고 있습니다.

- **기자:** 오늘도 많은 새로운 지식을 알게 된 것 같습니다. 감사합니다, 박사님!

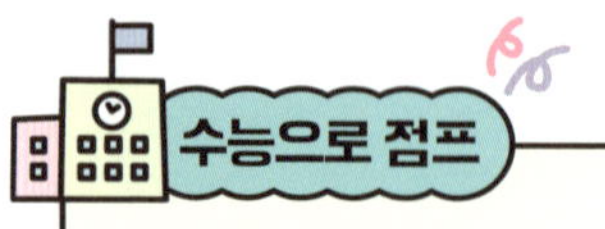

드론이 하늘에 멈춰 있을 수 있는 비밀은?

_ 2016학년도 수능

스토리로 생각 열기

이천으로 가족여행을 떠난 날이었다. 시골길을 따라 자동차를 타고 가던 중, 민재는 창밖을 보다가 깜짝 놀랐다.

"아빠, 저기 봐요! 드론이 날고 있어요! 저렇게 커다란 드론이 논 위를 막 지나가요!"

아빠도 고개를 돌려 논 위를 가로지르며 농약을 뿌리는 드론을 바라보았다.

"와, 요즘은 농사도 참 첨단 기술로 하는구나. 민재야, 드론은 단순히 사진만 찍는 게 아니라, 농약도 뿌리고, 택배도 하고, 심지어 구조 활동까지 도울 수 있어."

"대단하네요! 그런데 아빠, 저 드론은 어떻게 저렇게 하늘에 떠 있을 수 있는 거예요? 떨어지지 않고 움직이는 게 신기해요."

아빠는 잠시 웃더니 창밖을 바라보며 말을 이어 갔다.

"좋은 질문이야. 드론이 움직이는 원리를 알려면 먼저 **힘의 균형**이라는 걸 알아야 해."

"힘의 균형이요?"

공중에 떠 있는 드론.
©JACLOU-DL(pixabay)

"응. 쉽게 말해, 어떤 물체가 움직이거나 멈춰 있는 건 여러 힘이 서로 밀고 당기며 균형을 이루기 때문이야. 예를 들어 그네를 타다가 가장 높은 지점에서 잠깐 멈출 때가 있지? 그건 줄이 당기는 힘과 중력이 딱 맞아떨어지기 때문이야. 또, 헬륨 풍선이 올라가다가 멈추고 천천히 내려오는 것도 공기의 저항과 떠오르는 힘이 균형을 이루기 때문이고."

"아하! 서로 다른 힘들이 맞서고 있어서 가만히 있는 거군요."

"맞아. 드론도 마찬가지야. 드론이 공중에 떠 있을 때 작용하는 대표적인 힘은 **중력**과 **양력**이야. 중력은 모든 걸 아래로 끌어당기는 힘인데, 드론의 **프로펠러**는 공기를 아래로 밀어내서 그 반작용으로 드론을 위로 들어 올리는 양력을 만들어. 이 두 힘이 똑같을 때 드론은 공중에 멈춰 떠 있을 수 있는 거야. 양력이 더 세면 위로 올라가고, 약해지면 밑으로 내려오지."

민재는 고개를 끄덕이며 드론을 계속 바라보았다.

"그럼 드론이 앞으로 가거나 방향을 바꾸는 건 어떻게 해요?"

"그것도 힘의 균형을 이용하면 돼. 프로펠러의 회전 속도를 조절해서 어떤 방향으로 더 강한 힘을 주면, 드론이 그쪽으로 움직이게 되지. 하지만 움직이는 동안에도 **공기 저항**이 생기기 때문에, 드론이 일정한 속도로 움직이려면 앞으로 나아가는 힘과 저항이 균형을 이루어야 해."

"오… 드론이 진짜 똑똑하네요. 그 작은 몸 안에서 그렇게 많은 계산을 하는 거였어요?"

"정확히는 드론의 조종 장치와 센서들이 그렇게 정밀하게 조절해 주는 거지. 그래서 드론은 공중에서 흔들리거나 쏠리지 않고, 원하는 방향으로 부드럽게 움직일 수 있는 거야."

민재는 한참을 침묵하다가 물었다.

"그런데 아빠, 힘의 균형이라는 게 드론 말고도 또 쓰이는 곳이 있어요?"

아빠는 미소를 지으며 대답했다.

"물론이지. 예를 들어, 배가 물 위에 떠 있는 것도 중력과 부력이 균형을 이루기 때문이고, 연이 하늘에 떠 있을 수 있는 것도 바람이 미는 힘과 연줄이 잡아당기는 힘이 맞춰져 있어서야. 자동차가 일정한 속도로 달릴 때는 엔진이 만들어 내는 추진력과 도로의 마찰력이 균형을 이루고 있고, 자전거도 페달을 밟는 힘과 바람 저항이 균형을 이뤄야 안정적으로 앞으로 나아갈 수 있어."

민재는 다시 드론을 바라보며 중얼거렸다.

"하늘을 나는 드론 안에도 과학이 숨어 있네요."

아빠는 고개를 끄덕이며 말했다.

"맞아. 중력, 양력, 공기 저항처럼 우리 눈에 보이지 않는 힘들이 조화를 이루기 때문에 드론이 날 수 있는 거야. 이런 원리는 드론뿐 아니라, 우리가 매일 살아가는 세상 곳곳에도 숨어 있지."

드론은 논 위를 따라 천천히 방향을 바꾸며 멀어져 갔다. 민재는 그 뒷모습을 바라보다가 혼잣말처럼 중얼거렸다.

"나도 드론을 직접 조종해 보고 싶다. 나중에 내가 만든 드론으로 뭘 할 수 있을까?"

민재는 창밖을 바라보며 골똘히 생각에 잠겼다. 산불이 난 산속에 응급 물품을 날려 보내거나, 노인 분들의 약을 대신 전해 줄 수도 있을 것이다. 분명한 건, 드론이 더 이상 남의 이야기만은 아니라는 사실이었다.

💡 탄탄하게 개념 잡기

프로펠러: 드론이 하늘을 날 수 있는 가장 큰 이유 중 하나는 바로 프로펠러예요. 프로펠러는 빠르게 회전하면서 공기를 아래로 밀어내요. 이때 반작용으로 드론은 위로 뜨는 양력을 얻게 되죠. 드론의 방향이나 속도도 프로펠러의 회전 속도를 각각 다르게 해서 조절해요. 드론의 몸집은 작지만, 프로펠러 덕분에 정확하고 정밀한 조종이 가능하답니다.

힘의 균형: 물체가 움직이거나 멈춰 있는 상태는 여러 힘들이 서로 균형을 이루고 있어 가능해요. 서로 반대 방향으로 작용하는 힘이 같아지면 물체는 멈추거나 일정한 속도로 움직입니다. 드론이 하늘에 떠 있을 수 있는

것도 힘의 균형 덕분이에요.

중력과 양력: 중력은 물체를 지구 중심 방향으로(아래로) 끌어당기는 힘이고, 양력은 공기를 아래로 밀어내며 물체를 위로 들어 올리는 힘이에요. 드론에서는 프로펠러가 공기를 밀어내면서 양력이 생기고, 이 양력이 중력과 같아지면 드론은 공중에 떠 있게 됩니다.

공기 저항: 드론이 앞으로 움직일 때에는 앞쪽으로 밀어 주는 힘과 반대 방향으로 작용하는 공기의 저항력이 서로 균형을 이루어야 안정적으로 움직일 수 있어요. 공기 저항은 물체가 공기 속을 움직일 때 생기는 움직임을 방해하는 힘입니다.

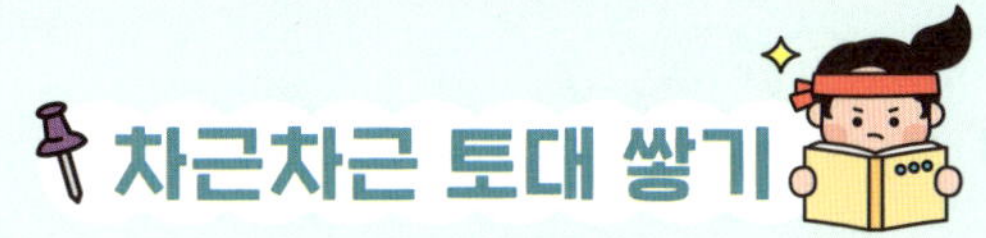

중요 포인트 연결하기

다음 문제를 읽고, 드론의 움직임과 관련된 물리 개념 중 옳은 것은 O, 옳지 않은 것은 X로 표시해 봅시다.

1 공기 저항은 드론이 움직일 때 전혀 영향을 주지 않는다. (O, X)

2 배가 물에 뜨는 것도 중력과 부력이 균형을 이루기 때문이다. (O, X)

3 드론은 중력과 양력이 균형을 이루지 않으면 공중에 멈춰 있을 수 없다. (O, X)

정답: 1: X, 2: O, 3: O

글쓰기에 필요한 어휘 다지기

드론이 하늘에 떠 있을 수 있는 이유는 무엇일까요? 바로 양력과 중력 때문이에요. 이번 글에서는 회색 부분을 따라 적으며, 양력이 무엇인지와 어떻게 작용하는지 알아볼까요?

양력 揚 하늘을 날다 양 力 힘 력

· 과학에서 양력은 어떻게 사용될까?

드론이나 비행기의 날개, 프로펠러가 공기를 아래로 밀어내면 그 반작용으로 위로 밀어 올리는 힘이 생기는데, 이 힘을 양력이라고 해요.

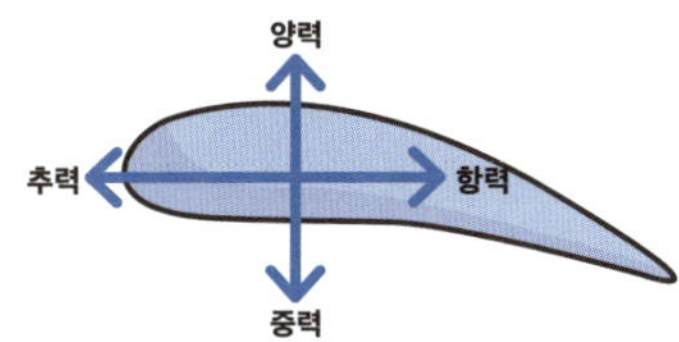

· 일상에서 양력을 어떻게 사용할까?

1. 연이 하늘에 뜨는 것도 바람이 연을 밀어 올리며 양력이 작용하기 때문이에요.

2. 드론으로 농약을 뿌리거나 촬영할 수 있는 것도 드론이 양력 덕분에 하늘에 떠 있을 수 있어서예요.

📌 글쓰기로 문해력 잡기

'○○한 세상을 위한 드론'을 상상해 볼까요? 내가 만든 드론이 사회에 어떤 기여를 할 수 있을지 상상하며, 글로 표현해 봅시다. 구체적인 상황을 설정하고, 창의적인 문제 해결 방법을 생각해 보세요.

글쓰기를 돕는 힌트

- ☑ 드론이 '무엇'을 해결하기 위해 사용되는지 분명하게 정했나요?
- ☑ 드론으로 '어떻게' 문제를 해결할 수 있을지 구체적으로 표현했나요?

Q1 드론으로 어떤 문제를 해결하면 좋을까요? 아래에서 골라 보거나 스스로 정한 뒤, 구체적으로 설명해 보세요.

- 환경 보호 (예: 미세먼지 측정, 해양 쓰레기 수거)
- 재난 구조 (예: 산불 진화, 실종자 수색)
- 의료 지원 (예: 오지 약 배달, 응급처치 키트 전달)
- 도시 안전 (예: 불법 주차 감시, 야간 순찰)

내가 선택한 문제: ______________________________

____

____

Q2 드론으로 그 문제를 해결하기 위해서는 드론에 어떤 기능이 필요할까요?

나의 문장:

Q3 '○○한 세상을 위한 드론'을 상상하며 내 생각을 설명해 볼까요?

나의 문장:

손가락 끝보다 작은 세상을 어떻게 관찰할까?

_ 2019학년도 9월 모의평가

스토리로 생각 열기

민재는 주말 저녁, 가족과 함께 영화 〈앤트맨〉을 봤다. 주인공이 눈 깜짝할 사이에 개미보다 더 작아지고, 모험을 펼치는 장면에 민재는 숨을 죽였다. 영화가 끝난 뒤 집으로 돌아오던 길, 민재는 아빠에게 물었다.

"아빠, 진짜 사람도 그렇게 작아질 수 있을까요? 앤트맨처럼요!"

아빠는 웃으며 말했다.

"사람이 그렇게 작아지는 건 영화의 상상이지만, 과학자들은 실제로도 눈에 보이지 않을 만큼 작은 세계, 그러니까 **미시 세계**를 연구하고 있어."

"미시 세계요?"

"그래. 우리가 볼 수 없는 원자나 분자처럼 아주아주 작은 세계를 말해. 예를 들어, 물 한 방울 안에도 수많은 원자와 분자가 들어 있는데, 이건 우리가 흔히 쓰는 현미경으로는 볼 수 없을 정도로 작지."

"그럼 과학자들은 그런 걸 어떻게 봐요?"

"좋은 질문이야. 과학자들은 **주사 터널링 현미경**, 줄여서 **STM**(Scanning Tunneling Microscope)이라는 특별한 도구를 써. 이건 전자현미경보다도 정밀해서 원자 하나하나를 볼 수 있어."

민재는 눈을 동그랗게 뜨며 물었다.

"진짜요? 어떻게 그런 게 가능해요?"

"STM은 전자의 특별한 성질을 이용해. **터널링 효과**라고 불리는 **양자역학**의 한 원리지. 터널링 효과에 따르면 전자는 눈에 보이지 않는 벽도 뚫고 지나갈 수 있는 가능성을 가지고 있어. STM에서는 이 터널링 효과를 이용해서 탐침이라는 뾰족한 바늘이 표면을 따라 움직이며 아주 약한 전류를 측정해. 이 전류의 세기를 통해 표면의 울퉁불퉁한 구조를 알아내는 거지. 마치 손끝으로 표면을 느끼는 것처럼."

"그럼 STM으로는 나노 세계도 볼 수 있겠네요?"

"정확해. 그래서 이 STM은 **나노 소재** 연구에 아주 중요해. 나노 소재는 머리카락의 수천분의 1 정도로 더 작은 물질인데, 그 크기 덕분에 특별한 성질을 가지기도 해. 전기를 잘 통하게 하거나, 약물만 골라서 전달할 수도 있고, 태양광을 더 잘 흡수하기도 하지."

민재는 감탄하며 고개를 끄덕였다.

"그렇게 작고 특별한 물질이라면, 일상생활에도 쓸 수 있겠네요?"

"맞아. STM 덕분에 더 오래가는 배터리, 고성능 컴퓨터 칩, 암세포에만 약을 전달하는 치료 기술 같은 게 가능해진 거야. 이런 발전을 위해서는 STM이 작동할 때 **진공 상태**를 만드는 것도 중요하지."

"왜 진공이 필요해요?"

"STM이 원활하게 작동하려면 전자들이 센서의 역할을 하는 탐침과 알아보고자 하는 물질인 시료 사이를 자유롭게 움직일 수 있어야 해. 그런데 이때 공기 중에 있는 입자들이 방해가 될 수 있거든. 그래서 공기를 빼내고, 방해를 최소화하는 거지."

민재는 아빠 말을 들으며 자기 손끝을 바라보았다. 눈에 보이지 않는 그 아래에 숨겨진 세계가 상상됐다.

"아빠, 나도 나중에 STM으로 뭔가를 관찰해 보고 싶어요. 예를 들면, 책상에 떨어진 먼지가 어떻게 생겼는지, 내가 먹는 과자 조각 안에는 뭐가 있는지도 보고 싶어요."

아빠는 미소를 지으며 말했다.

"그래, 그런 작은 호기심이 과학의 씨앗이야. 네가 궁금한 걸 하나씩 알아보다 보면, 언젠가 정말 멋진 발명을 하게 될지도 몰라."

민재는 창밖을 바라보며 생각에 잠겼다. 앤트맨이 영화 속 이야기라고만 생각했는데, 아주 작은 세상을 들여다보는 일이 지금도 가능하다는 게 정말 놀라웠다.

양자역학: 우리가 눈으로 볼 수 없는 아주 작은 세계에서는 일반적인 물리 법칙이 잘 통하지 않아요. 대신, 양자역학이라는 특별한 과학 법칙이 필요하죠. 이 법칙은 전자처럼 작은 입자들이 어떻게 움직이고, 어디에 있을지 예측하는 데 사용돼요. STM(주사 터널링 현미경)이나 나노 기술은 모두 양자역학의 원리에 따라 작동하기 때문에, 이 작고 신비한 세계를 이해하려면 양자역학이 꼭 필요해요.

터널링 효과: 보통 물체는 벽을 통과할 수 없지만, 전자는 아주 특별해서 눈에 보이지 않는 벽도 확률적으로 통과할 수 있는 가능성이 있어요. 이 신기한 현상을 터널링 효과라고 해요.

주사 터널링 현미경(STM): 아주 작은 원자 단위의 표면을 관찰할 수 있는 현미경으로, '터널링 효과'라는 양자역학 원리를 이용해 작동해요. 끝이 뾰족한 탐침과 시료 사이에 전자가 이동하며 표면의 높낮이를 감지하죠. 우리가 손끝으로 물건의 모양을 느끼듯, 전자의 움직임으로 표면을 '느끼는' 거예요.

나노 소재: 나노미터(10억분의 1미터) 크기의 아주 작은 물질로, 머리카락 굵기의 수천분의 1보다 작아요. 작기 때문에 특이한 전기적, 화학적 성질을 가진 경우가 많아 전자기기, 의약품, 배터리 등에 활용됩니다.

💬 중요 포인트 연결하기

다음 문제를 읽고, STM과 나노 세계에 관하여 옳은 것은 O, 옳지 않은 것은 X로 표시해 봅시다.

1 STM은 일반 현미경보다 성능이 낮아서, 분자나 원자와 같이 미시 세계의 것은 관찰할 수 없다. (O, X)

2 나노 소재는 너무 작기에 특별한 성질을 지닐 수 있으며, 의학이나 전자기기에도 활용된다. (O, X)

3 STM은 전류의 세기를 측정해 표면의 높낮이를 알아내는 방식으로 작동한다. (O, X)

정답: 1: X, 2: O, 3: O

🎵 글쓰기에 필요한 어휘 다지기

미시 세계는 무엇을 뜻할까요? 회색 부분을 따라 적으며, 미시 세계가 무엇이며 우리 생활에 어떻게 녹아 있는지 알아볼까요?

미시 微 작을 미 視 볼 시

· 과학에서 미시는 어떻게 사용될까?

전자현미경이나 STM 같은 장비를 사용해 미시 세계를 연구하고, 그걸 바탕으로 반도체나 나노 소재를 개발해요. 이 과정은 우리가 사용하는 스마트폰, 배터리, 치료 기술 등과도 연결돼 있어요.

· 일상에서 미시를 어떻게 사용할까?

1. 손을 씻을 때 비누가 세균을 없애는 이유도 미시 세계에서 세균이 작용하기 때문이에요.

2. 마스크는 공기 중 미세먼지를 걸러 내요. 이 미세먼지도 미시 세계의 일부예요.

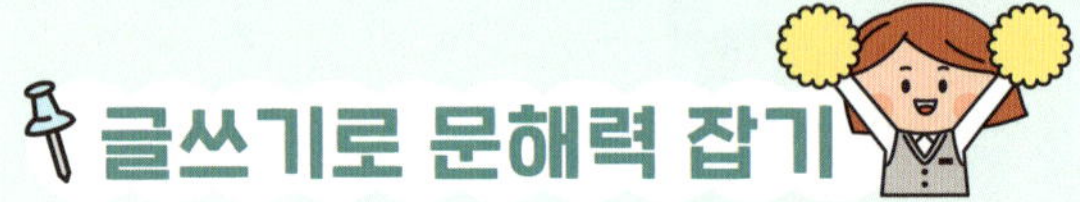

📌 글쓰기로 문해력 잡기

STM(주사 터널링 현미경)으로 일상 속 물건을 관찰해 본다면 어떤 모습일까요? 우리가 매일 보지만 자세히 들여다본 적 없는 작은 물건을 떠올리며 상상해 봅시다.

글쓰기를 돕는 힌트

☑ STM으로 '무엇'을 관찰하고 싶은지 정했나요?

☑ 그 물건을 고른 이유가 잘 드러났나요?

☑ STM으로 관찰했을 때 보일 것 같은 '모양'이나 '구조'를 상상해 보았나요?

Q1 STM으로 어떤 물건을 관찰해 보면 좋을까요?

나의 문장: ____________________________

____

____

Q2 왜 이 물건을 STM으로 관찰하고 싶나요?

나의 문장: ____________________________

____

____

Q3 STM으로 보면 어떤 모습이 보일 것 같나요? 상상해 보세요.

나의 문장: ____

____

____

____

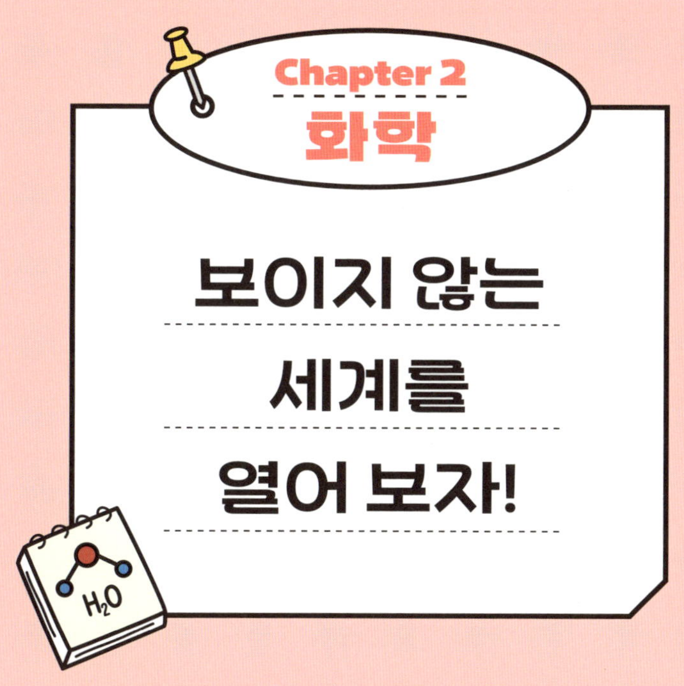
Chapter 2
화학

보이지 않는
세계를
열어 보자!

H₂O

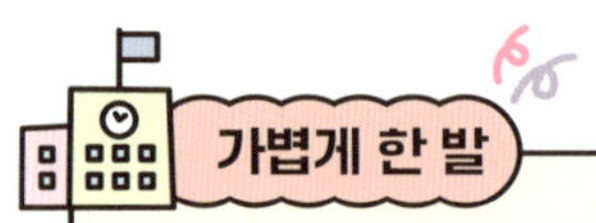

우주선 안에서 촛불을 켜면 어떻게 될까?

📌 스토리로 생각 열기

생일날 케이크 앞에서 촛불을 끄려는 장면을 상상해 보세요. 지구에서는 촛불이 길고 뾰족하게 타오르고, 한 번 숨을 불면 쉽게 꺼지죠. 하지만 우주에서는 전혀 다른 상황이 펼쳐집니다. 불꽃의 모양도 우리가 아는 것과 다르고, 숨을 불어도 꺼지지 않을 수도 있어요. 우주에서의 생일 파티는 지구와 완전히 다른 모습일 거예요.

지구에서 당연하게 여기는 많은 현상이 우주에서는 전혀 다르게 나타납니다. 예를 들어, 지구에서는 컵에 물을 따르면 물이 자연스럽게 아래로 흐르지만, 우주에서는 물방울이 동그랗게 뭉쳐 공중에 떠다니죠. 또, 지구에서는 걸어서 이동하지만 우주에서는 발이 바닥에 닿지 않고 몸이 둥둥 떠다닙니다. 이렇게 우리가 평소 당연히 여기는 중력은 사실 지구에서만 느낄 수 있는 특별한 힘이에요.

무중력 상태에서는 물의 움직임이나 걷는 동작 같은 일상적인 것들도 모두 달라지죠. 그중에서도 특히 흥미로운 게 바로 촛불입니다. 우주에서 생일 케이크의 촛불은 어떻게 탈까요?

우주와 지구에서 촛불의 모양은 확연히 다릅니다. 지구에서 촛불은 길고 위로 뾰족한 모양으로 타요. 이는 지구의 중력과 그로 인해 발생하는 **대류 현상** 때문이에요. 촛불이 타면서 뜨거운 공기가 위로 올라가고, 차가운 공기가 그 자리를 채우면서 공기가 순환하게 되는데, 이를 대류라고 합니다.

하지만 우주에서는 중력이 거의 없는 무중력 상태라 대류 현상이 일어나지 않습니다. 뜨거운 공기가 위로 올라가지 않고 불꽃 주변으로 고르게 퍼지죠. 그 결과, 우주에서의 촛불은 지구와 전혀 다른 모습을 보여요. 불꽃이 길쭉하지 않고 동그란 공 모양으로 변해 마치 작은 빛나는 구슬처럼 보입니다.

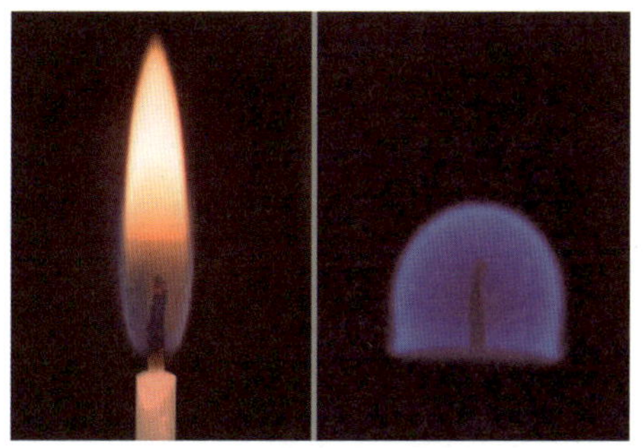

지구에서의 촛불(좌), 우주에서의 촛불(우).
©NASA Johnson Space Center

그런데 촛불은 어떻게 탈까요? 촛불이 타는 것은 **연소** 과정 때문인데, 연소는 '연료(초)', '산소(공기 중 산소)', 그리고 '점화원(성냥이나 라이터)'이라는 세 가지 조건이 갖춰질 때 일어납니다. 촛불을 켜면 심지 주변의 왁스가 녹아 기체로 변하고, 이 기체가 산소와 만나 빛과 열을 내는 연소 반응을 일으키죠.

촛불의 색깔도 우주에서와 지구에서 각기 다르게 나타납니다. 지구에서는 촛불이 보통 노란색으로 보이지만, 우주에서는 파란색으로 보이지요. 왜 그럴까요? 연소 과정에서 불꽃에 산소가 어떻게 공급되는지, 중력이 어떤 역할을 하는지를 살펴보면 답을 알 수 있어요.

지구에서는 대류 현상으로 뜨거운 공기가 위로 올라가고, 새로운 공기가 그 자리를 빠르게 채웁니다. 이 과정에서 촛불에 산소가 공급되지만, 연료와 산소가 완벽히 섞이지 못하는 경우가 생겨요. 이로 인해 연료가 완전히 타지 못하고 탄소 입자가 만들어집니다. 이 탄소 입자들이 뜨겁게 달아올라 노란색 빛을 내기 때문에 지구의 촛불은 노란색으로 보이는 거예요. 이렇게 산소가 부족해서 연료가 제대로 타지 못하는 것을 **불완전 연소**라 합니다.

반면 우주에서는 (산소가 있는 우주선에서 실험 시) 대류가 일어나지 않기 때문에 산소가 불꽃 주위에 고르게 퍼집니다. 산소와 연료가 균일하게 섞여 연료가 완전히 타게 되죠. 즉, **완전 연소**가 일어나면서 탄소 입자가 남지 않아 불꽃은 파란색으로 보입니다. 파란색 불꽃은 연료가 완벽하게 타고 있다는 것을 의미해요.

정리하자면, 지구에서는 대류 때문에 산소가 빠르게 공급되지만 연료가 완전히 타지 않아 탄소 입자가 만들어지며 노란색 불꽃이 나타납니다. 반면 우주에서는 대류가 없고 산소가 고르게 퍼지면서 연료가 완전히 타 파란색 불꽃이 나타나죠. 이렇게 중력의 유무가 산소 공급 방식을 바꾸면서 불꽃의 색깔도 달라지는 거예요.

파란색 불꽃이 있는 생일 케이크라니 정말 신비롭죠? 하지만 우주에서는 촛불을 켜면 위험할 수 있어요. 우주선은 밀폐된 공간이라 촛불을 켰을 때 산소가 부족해질 위험이 있거든요. 촛불이 타면서 산소를 빠르게 소비해 불꽃이 작아지거나 꺼질 수 있어요. 더 큰 문제는 화재예요. 무중력 상태에서는 불꽃이 어디로 퍼질지 예측하기 어렵기 때문에 작은 불씨라도 큰 사고로 이어질 수 있습니다.

그래서 우주에서는 촛불 대신 전자 장치를 사용하는 경우가 많아요. 국제우주정거장(ISS)에서는 일반 조명뿐만 아니라 LED 조명을 활용합니다. 생일 등 특별한 날에는 LED 조명을 켜서 분위기를 내죠. 이처럼 우주에서의 생활은 우리가 지구에서 당연히 여기는 것들과는 완전히 다릅니다. 촛불 하나에도 이렇게 많은 과학이 숨겨져 있다니, 참 놀랍지 않나요?

탄탄하게 개념 잡기

중력과 무중력: 지구에서는 중력이 물체를 아래로 끌어당기고, 이로 인해 대류와 같은 현상이 발생해요. 반면 우주에서는 중력이 거의 없어 대류가 일어나지 않고, 물체가 둥둥 떠다닙니다.

대류 현상: 뜨거운 공기가 위로 올라가고 차가운 공기가 그 자리를 채우며 공기가 순환하는 현상이에요. 대류는 지구에서 촛불 모양과 산소 공급 방식에 영향을 줍니다.

완전 연소와 불완전 연소: 연소는 연료(초), 산소, 점화원이 함께 작용하는 화학 반응이에요. 완전 연소는 연료가 산소와 충분히 만나서 깨끗하게 타는 것을 말해요. 그을음(검은 연기)이나 탄소 입자가 거의 생기지 않아 파란 불꽃이 생겨요. 반대로 불완전 연소는 산소가 부족해서 연료가 제대로 타지 못하는 경우예요. 이때는 노란색 불꽃이 생기고, 탄소 입자나 일산화탄소 같은 유해 물질이 만들어질 수 있어요. 우주에서는 산소가 고르게 퍼져 완전 연소가 일어나기 쉬워서 불꽃이 파랗게 보여요.

산소의 역할: 불이 타기 위해 꼭 필요한 요소 중 하나가 산소예요. 산소는 연료와 만나 열과 빛을 내는 화학 반응을 일으켜요. 지구에서는 공기 중에 산소가 있어 불이 쉽게 붙지만, 우주선 안은 밀폐된 공간이라 산소의 양이 제한되어 있어요. 그래서 촛불을 켜면 산소가 빠르게 줄어들고, 위험할 수 있어요. 우주에서 산소의 농도와 분포를 조절하는 건 생명 유지에 아주 중요한 일이랍니다.

차근차근 토대 쌓기

중요 포인트 연결하기

다음 문제를 읽고, 지구와 우주의 촛불 모양에 관하여 옳은 것은 O, 옳지 않은 것은 X로 표시해 봅시다.

1 우주에서는 중력이 없어 대류 현상이 일어나지 않는다. (O, X)
2 지구의 촛불은 파란색이고, 우주의 촛불은 노란색이다. (O, X)
3 우주에서는 촛불 대신 LED 조명을 사용해 생일 파티 분위기를 낼 수 있다. (O, X)

정답: 1: O, 2: X, 3: O

글쓰기에 필요한 어휘 다지기

지구와 우주에서 촛불 모양이 달라지는 이유는 무엇일까요? 바로 대류 때문이에요. 회색 부분을 따라 적으며, 대류가 무엇인지와 어떻게 작용하는지 알아볼까요?

대류　對 대할 대　流 흐를 류

·과학에서 대류는 어떻게 사용될까?

지구에서는 뜨거워진 공기는 위로 올라가고, 차가운 공기는 아래로 내려오면서 공기가 순환해요. 이게 바로 대류랍니다.

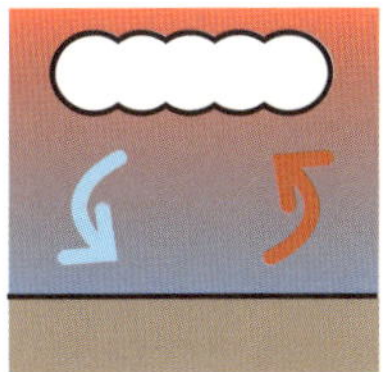

·일상에서 대류를 어떻게 사용할까?

1. 에어프라이어는 뜨거운 공기를 계속 순환시켜 보내서 음식 겉과 속을 골고루 익히는데, 이것이 대류를 이용한 조리예요.

2. 겨울에 난방을 켠 방에서 선풍기를 약하게 함께 돌리면 천장에 모인 따뜻한 공기가 아래로 내려와 방이 빨리 따뜻해지는데, 이때 공기가 위아래로 순환하는 것이 대류예요.

 글쓰기로 문해력 잡기

중력이 없는 세계에서의 일상을 상상해 볼까요? 촛불 외에도 지구에서는 당연한 일들이 우주에서는 다르게 느껴질 수 있어요. 중력이 없다면 우리의 생활은 어떻게 달라질까요?

글쓰기를 돕는 힌트

☑ 먹기: 국물이 담긴 음식은 어떻게 될까요?

☑ 씻기: 물이 흐르지 않는다면 어떻게 샤워할까요?

☑ 걷기: 바닥에 발이 붙지 않으면 어떻게 움직일까요?

☑ 옷 입기: 옷이 둥둥 뜬다면 입는 방법도 달라져야 할까요?

나의 문장:

Chapter 2. 화학

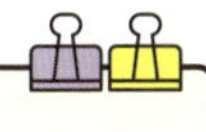

작고 딱딱한 옥수수알은 어떻게 구름 같은 팝콘이 될까?

_ 중1 과학

📌 스토리로 생각 열기

영화 보기 전에 팝콘 봉지를 먼저 열어 본 적 있지요? '딱 세 알만 먹어야지…' 하고 마음먹었는데, 정신 차리고 보면 바닥에 남은 건 소금 알갱이뿐인 적도 있을 거예요. 그럴 수밖에 없어요. 입에 넣자마자 터지는 그 바삭한 소리, 고소한 향. 하나 먹으면 멈출 수가 없잖아요.

그런데 저는 그 맛보다도 더 신기한 게 있어요. 그 작은 옥수수알이 어떻게 하얗게 부풀어서 제 손바닥을 가득 채우는 팝콘이 되는 걸까요? 전자레인지 안을 들여다보면, 처음엔 조용하던 옥수수들이 어느 순간 "팡!" 하고 터지기 시작해요. 하나 터지면 연달아 펑펑 소리가 나고, 그릇 안이 하얀 구름처럼 바뀌지요. 그런데 그 안에서는 실제로 꽤 격렬한 과학 현상이 벌어지고 있어요.

사실 옥수수알 안에는 아주 조금의 물이 들어 있어요. 보통 13~15% 정도 들었다고 해요. 겉보기엔 말라 보이지만 그 안에는 물방울이 숨어 있는데, 그게 모든 일의 시작이에요. 열이 가해지면 옥수수알 속의 물이 수증기, 즉 기체로 바뀌어요. 그런데 문제는, 팝콘용 옥수수의 껍질이 엄청 단단하다는 거예요. 수증기가 밖으로 빠져나가지 못한 채 안에 계속 갇히게 되지요. 점점 기체가 많아지고, 그만큼 **압력**도 점점 세져요. 그러다가 껍질이 "더는 못 버티겠다!" 하는 순간, "펑!" 하고 터지는 거예요.

이게 끝일까요? 전혀 아니에요. 옥수수 껍질이 터지는 순간, 안에 있던 녹말(전분)이 수증기와 함께 한꺼번에 밖으로 튀어나오는데요. 그 속도가 얼마나 빠른지, 그 짧은 순간에 안에 있던 **분자 구조**가 바뀌어요. 원래는 촘촘하게 모여 있던 녹말 분자들이 열과 압력을 받으면서 느슨하고 폭신한 형태로 바뀌게 되는 거예요.

그리고 가장 놀라운 건 부피 변화예요. 처음 옥수수알의 크기는 대략 5mm 정도밖에 안 되는데, 터지고 나면 지름이 2cm 정도로 커져요. 부피는 약 50배 이상 증가하지요.

이건 마치 손톱만 한 콩알이 탁구공만큼 부풀어 오르는 것과 비슷해요. 몇 알밖에 안 넣었는데도 그릇을 넘치게 만드는 이유가 바로 여기에 있어요.

그렇다고 아무 옥수수나 다 팝콘이 되는 건 아니에요. 우리가 밭에서 흔히 보는 찰옥수수나 단옥수수는 껍질이 약하거나 수분이 너무 많거나 적어서 잘 안 터져요. 진짜 팝콘이 되려면 특별한 조건이 필요해요.

팝콘용 옥수수(Popcornmaize)는 껍질이 두껍고 단단하고, 안의 수분도 정확히 맞춰져 있어야 해요. 수분이 너무 많으면, 열을 받자마자 수분이 먼저 증발해 버리고 껍질이 약해지면서 제대로 터지지 못하고 타 버릴 수 있어요. 반대로 수분이 너무 적으면, 수증기가 충분히 생기지 않아서 압력이 모자라 펑! 하고 터지지도 않아요. 껍질만 시커멓게 타고 속은 그대로 남아 있는 걸 본 적 있다면, 바로 그런 상태예요.

팝콘용 옥수수는 두 가지 종류로 나뉘어요. 하나는 버터플라이형(Butterfly)이에요. 이건 말 그대로 날개처럼 퍼지며 불규칙한 모양이 특징이에요. 입안에서 가볍고 바삭한 식감을 줘서, 우리가 영화관에서 먹는 팝콘은 대부분 이걸로 만들어요. 다른 하나는 머쉬룸형(Mushroom)이에요. 모양이 둥글고 단단해서 깨지지 않고 잘 유지돼요. 그래서 카라멜이나 초콜릿 같은 코팅용 팝콘에는 이걸 써요. 양이 일정하니까 예쁘게 가공하기 좋고, 부서지지도 않거든요.

이 외에도 팝콘이 터지는 데 영향을 주는 요소는 더 있어요. 예를 들면, 열을 얼마나 빨리 가하느냐에 따라서도 달라져요. 너무 빠르게 가열하면 바깥은 타 버리는데, 안쪽 수분은 아직 준비되지 않아서 제대로 안 터져요. 반면 너무 천천히 가열하면 수분이 점점 증발하면서 결국 압력이 부족해져요. 그래서 팝콘을 잘 튀기려면 적당한 온도에서 일정한 속도로 열을 가하는 게 중요해요. 집에서 먹는 전자레인지용 팝콘에 "강한 불로 1분 30초" 같은 설명이 붙는 이유가 바로 이 때문이에요.

다음에 팝콘을 먹게 된다면, 그냥 바삭하다고만 생각하지 말고 '이 작은 알갱이가 어떻게 이렇게 터졌을까?'를 한 번쯤 떠올려 보세요. 우리가 먹는 그 한 입이, 단순한 간식이 아니라 진짜 과학이 '뻥!' 하고 터진 결과라는 걸 알게 될 거예요.

💡 탄탄하게 개념 잡기

상태 변화: 물질이 고체, 액체, 기체로 바뀌는 현상을 말해요. 팝콘 안에 들어 있는 소량의 물은 열을 받으면서 액체에서 기체인 수증기로 바뀌어요. 이때 발생한 수증기는 옥수수알 안에 갇혀 압력을 점점 높이고, 결국 껍질이 터지는 순간 팝콘이 만들어지죠.

압력: 기체는 온도가 올라가면 부피를 늘리며 더 큰 압력을 만들어 내요. 옥수수알 속 수분이 수증기로 변하면 그 부피는 수백 배가 되죠. 이 수증기가 단단한 껍질 안에서 빠져나가지 못하고 누적되면서 내부 압력이 커지고, 최대치에 도달하면 껍질이 '펑' 하고 터지게 되는 거예요.

분자 구조 변화: 터지는 순간, 옥수수알 속 녹말 분자는 빠르게 확산되는 수증기와 함께 퍼져 나가요. 이때 원래 단단하고 조밀했던 분자 구조가 열과 압력을 받으면서 느슨하고 부풀어 있는 구조로 바뀌어요. 그래서 팝콘은 가볍고 바삭한 질감을 가지게 되는 거예요. 이는 분자 수준에서의 큰 변

                    Chapter 2. 화학

화가 일어났다는 뜻이랍니다.

팝콘용 옥수수의 조건: 모든 옥수수가 팝콘이 되는 건 아니에요. 팝콘용 옥수수는 껍질이 특별히 단단하고, 수분 함량이 13~15%로 딱 맞게 유지돼야 해요. 수분이 너무 많으면 껍질이 약해져서 터지기 전에 타 버리고, 수분이 너무 적으면 압력이 생기지 않아 아예 안 터지죠. 그래서 팝콘이 잘 터지려면 껍질의 강도와 수분의 양이 아주 중요해요.

중요 포인트 연결하기

다음 문제를 읽고, 팝콘이 터지는 원리에 관하여 옳은 것은 O, 옳지 않은 것은 X로 표시해 봅시다.

1 팝콘은 옥수수알 안의 수분이 열을 받아 기체로 바뀌며 생긴 압력 때문에 터진다. (O, X)

2 버터플라이형 팝콘은 둥글고 단단해서 초콜릿 코팅용으로 적합하다. (O, X)

3 수분이 너무 많으면 수증기가 잘 생겨서 팝콘이 더 크게 잘 터진다. (O, X)

정답: 1: O, 2: X, 3: X

글쓰기에 필요한 어휘 다지기

물이 열을 받으면 수증기로 변하는데 이런 상태 변화를 '기화'라고 불러요. 기화는 어떤 역할을 할까요?

기화 氣 기운 기 化 변할 화

· 과학에서 기화는 어떻게 사용될까?

옥수수알 속에 있는 물이 열을 받으면 액체에서 기체, 즉 수증기로 변하는 **기화** 현상이 일어나요. 그런데 옥수수 껍질이 단단하면 수증기가 빠져나가지 못하고 점점 안에 쌓이게 돼요!

· 일상에서 기화를 어떻게 사용할까?

1. 압력솥에서 물이 끓어 수증기로 변해 나오는 것도 **기화**예요.

2. 여름에 빨래를 널어 두면 물기가 마르는 것도 같은 원리, 바로 **기화**예요.

글쓰기로 문해력 잡기

4컷 만화 콘티로 그리는 과학 글쓰기

팝콘을 매일 만드는 영화관 알바생이 팝콘이 만들어지는 과정을 손님에게 어떻게 설명할 수 있을까요? 설명 과정에 과학 원리를 넣어 4컷 만화 콘티를 만들어 볼까요?

글쓰기를 돕는 힌트

☑ 옥수수 안에 숨어 있는 수분을 만화에 표현해 볼까요?

☑ 껍질이 터질 때 녹말 구조가 변하는 과정도 표현해 볼까요?

☑ 팝콘이 부풀며 부피가 커지는 모습도 표현해 볼까요?

컷 번호	만화를 그려서 표현해 볼까요? (장면과 대사)	어떤 과학적 요소를 넣을 건가요?
1컷		
2컷		

보이지 않는 세계를 열어 보자!

컷 번호	만화를 그려서 표현해 볼까요? (장면과 대사)	어떤 과학적 요소를 넣을 건가요?
3컷		
4컷		

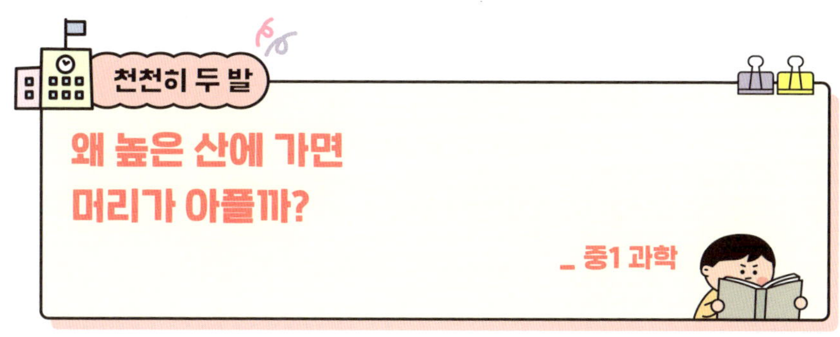

스토리로 생각 열기

여름방학을 맞아 한 가족이 남미로 여행을 떠나기로 했어요. 이번 여행은 아이들에게도 부모님에게도 정말 특별했죠. 그동안 사진으로만 봤던 마추픽추를 직접 볼 수 있다니 모두 설레는 마음을 감출 수 없었어요.

가족은 여행 준비를 하며 짐을 챙기고, 현지 날씨를 확인했어요. 그러던 중 엄마가 중요한 이야기를 꺼냈습니다.

"애들아, 이번 여행은 평소 여행과 조금 다를 수 있어. 마추픽추처럼 높은 곳에 가면 몸이 아플 수도 있거든. **고산병**을 조심해야 해."

아이들은 깜짝 놀랐습니다. 평소 산에 오르면 기분이 좋아지기만 했는데, 높은 산에서는 아플 수도 있다니 생소했거든요. 엄마는 고산병에 대해 차근차근 설명했어요.

"고산병은 높은 고도에 올라갔을 때 공기 중 산소가 부족해 우리 몸이 적응하지 못해서 생기는 증상이야. 쉽게 말하면, 높은 곳에서는 숨을 쉴 때 들어오는 산소의 양이 줄어드는 거야."

"산소의 양이 줄어든다고요? 그게 무슨 뜻이에요?"

"좋은 질문이야! 우리가 숨을 쉴 때 공기에서 산소를 흡수하잖아? 그런데 높은 산에서는 공기의 밀도가 낮아져서, 숨 한 번에 들어오는 산소의 양도 적어지는 거야. 이를 더 정확히 말하면 공기 중 산소가 몸에 미치는 **압력**, 즉 **분압**이 낮아진다고 할 수 있어."

"그럼 높은 산에서는 숨을 많이 쉬어도 산소가 충분히 들어오지 않는 거네요?"

"맞아! 그래서 우리 몸은 산소가 부족한 상황에 적응하려고 심장을 빨리 뛰게 하거나 호흡을 자주 하게 만들어. 그런데도 적응하지 못하면 고산병 증상이 나타나는 거야."

"고산병에 걸리면 어떤 증상이 생겨요?"

"보통 두통이 생기면서 시작돼. 머리가 꽉 조이는 느낌이 들고 어지럽기도 해. 또 속이 울렁거려서 토할 것 같을 때도 있고, 피곤하거나 밤에 잠이 잘 안 오는 경우도 많아."

"그럼 그냥 잠깐 쉬면 나아질까요?"

"가벼운 증상은 쉬면 나아질 수도 있어. 하지만 심해지면 **뇌부종**이나 **폐부종** 같은 심각한 상태로 발전할 수 있어."

"뇌부종이 뭐예요?"

“뇌부종은 뇌에 물이 차는 현상이야. 산소가 부족하면 뇌 혈관에서 물이 새어 나와 뇌가 붓게 되는 거지. 그러면 머리가 심하게 아프고, 방향 감각을 잃거나 말이 어눌해질 수 있어. 심하면 걷는 것도 어려워져.”

“우와… 정말 위험하네요. 폐부종은 뭐예요?”

“폐부종은 폐에 물이 차는 상태야. 산소 부족이 심해지면 폐 혈관이 팽창하면서 물이 새어 나와 폐에 고이게 돼. 그러면 숨쉬기가 점점 어려워지고 심하면 호흡 곤란이 생길 수 있어. 이런 경우에는 바로 낮은 곳으로 내려가야 해.”

“그럼 고산병은 어떻게 예방해요?”

“제일 중요한 건 천천히 고도를 올리는 거야. 하루에 500~600m 이상 올라가지 않는 게 좋아. 물을 충분히 마시고 무리하지 않는 것도 중요해. 높은 고도에서는 몸이 더 많은 수분을 잃기 때문에 물을 자주 마셔야 해.”

“그럼 우리 마추픽추 갈 때도 천천히 올라가면 되겠네요!”

“그렇지. 마추픽추에 가기 전에 쿠스코 같은 고도가 낮은 지역에서 하루이틀 머물면서 적응하면 고산병 위험을 줄일 수 있어.”

“만약 고산병에 걸리면 어떻게 해야 하나요?”

“바로 하산하는 게 가장 중요해. 해발고도가 낮아지면 공기 중 산소가 많아져서 몸이 빨리 회복될 수 있거든. 상황이 심각하면 산소마스크를 사용하거나 의료진의 도움을 받아야 해.”

“아프기 전에 미리 예방하는 게 제일 중요하네요!”

"맞아. 고산병은 누구나 걸릴 수 있어. 체력이 좋아도, 젊어도 피해 갈 수 없거든."

가족 모두 남미 여행을 준비하며 건강이 가장 중요하다는 걸 다시 한번 느꼈어요.

"자, 우리 건강하게 여행 다녀오자! 이번에는 모두 고산병 없이 멋진 추억 만들자!"

"네! 엄마, 아빠, 우리 건강하게 잘 다녀와요!"

💡 탄탄하게 개념 잡기

압력: 마추픽추처럼 높은 곳에서는 공기층이 얇아져 대기압이 낮아지고, 숨을 쉴 때 몸에 전달되는 압력도 줄어들어요.

분압: 공기 중 특정 기체가 차지하는 압력을 뜻해요. 예를 들어, 산소는 공기의 약 21%를 차지하지만, 높은 고도에서는 전체 공기 압력이 낮아져 산소의 분압도 줄어들어요.

고산병: 마추픽추처럼 고도가 높은 곳에서는 산소 부족으로 몸이 적응하지 못해 두통이나 어지러움 같은 고산병 증상이 나타날 수 있어요.

뇌부종: 뇌에 물이 고여 붓는 현상이에요. 높은 산에서는 산소가 부족해 뇌의 혈관에서 물이 새어 나오면서 뇌가 부풀고 압력이 높아져요. 그래서 심한 두통, 어지럼증, 말이 어눌해지는 증상이 나타날 수 있어요. 뇌부종은

고산병이 심해졌을 때 생기는 위험한 상태이기 때문에, 이런 증상이 보이면 즉시 낮은 곳으로 내려가는 게 가장 중요해요.

폐부종: 폐 안에 물이 차는 증상이에요. 고도가 높아지면 산소가 부족해서 폐의 혈관이 팽창하고, 그 사이로 물이 새어 나와 숨쉬기가 점점 힘들어질 수 있어요. 기침을 하거나 숨이 가빠지고, 가슴이 답답한 느낌이 들면 폐부종일 수 있어요. 폐부종 역시 위급한 증상이므로 빠르게 대처해야 해요.

차근차근 토대 쌓기

중요 포인트 연결하기

다음 문제를 읽고, 높은 산에 올랐을 때 우리 몸의 변화와 관련하여 옳은 것은 O, 옳지 않은 것은 X로 표시해 봅시다.

1 고산병은 공기 중 산소가 부족해서 생기는 증상이다. (O, X)

2 고산병에 걸리면 높은 곳으로 더 올라가서 적응해야 한다. (O, X)

3 마추픽추와 같은 고지대를 올라갈 때 고산병을 예방하려면 고도를 천천히 올리며 움직이면 좋다. (O, X)

정답: **1**: O, **2**: X, **3**: O

글쓰기에 필요한 어휘 다지기

높은 산 위에 올라가면 왜 고산병이 생기나요? 바로 산소의 압력이 낮아지기 때문이에요. 회색 부분을 따라 적으며, 압력이 무엇인지와 어떻게 작용하는지 알아볼까요?

압력 壓 누를 압　力 힘 력

· 과학에서 압력은 어떻게 사용될까?

압력은 공기나 물 등이 물체에 가하는 힘이에요. 높은 산에 올라가면 공기의 압력이 낮아지고, 몸이 적응하기 힘들면 고산병이 생길 수 있어요!

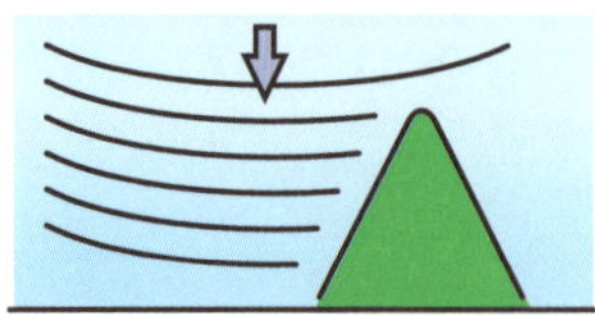

· 일상에서 압력을 어떻게 사용할까?

1. 압력솥은 냄비 안의 압력을 높여 물의 끓는점을 올리기 때문에, 같은 시간에도 음식이 더 빨리 익어요.

2. 욕실 흡착 고리도 압력 차를 이용해요. 컵 안의 공기를 빼내 내부 압력을 낮추면, 상대적으로 큰 바깥 대기압이 고리를 세게 눌러 벽에 단단히 붙게 하죠.

Chapter 2. 화학

📌 글쓰기로 문해력 잡기

　해발고도가 높은 지역으로 떠나기 전에 고산병을 모르고 간다면 어떻게 될까요? 굉장히 불편하고 힘든 여행이 되겠죠? 고산병 예방 팁을 주제로 여행 포스터 또는 광고문을 작성해 볼까요?

글쓰기를 돕는 힌트

- ☑ 고산병이 어떤 증상인지 짧게 소개해 볼까요?
- ☑ 고산병을 예방하는 실천 수칙을 알기 쉽게 적어 볼까요?
- ☑ 여행객에게 전달하고 싶은 응원의 한마디를 넣어 마무리해 보세요.

Q1 고산병이 무엇인지 간단히 설명해 보세요.

나의 문장: ____

____

____

____

Q2 고산병을 예방하려면 어떤 방법이 있을까요?

나의 문장: ____

____

____

____

Q3 여행객에게 전달하고 싶은 당부나 응원의 한마디를 적어 보세요.

나의 문장:

우리가 숨 쉬는 산소는 어디서 만들어졌을까?

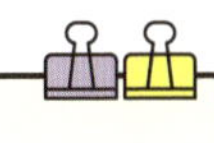

_ 중2 과학

스토리로 생각 열기

혹시 레고 블록으로 무언가를 만들어 본 적 있나요? 처음엔 작고 평범한 조각들뿐이지만, 하나씩 쌓아 가다 보면 멋진 작품이 완성되죠. 우리가 숨 쉬는 산소도 이와 비슷하게 만들어졌어요. 아주 오래전 우주가 시작될 때 작은 조각인 원소에서 시작해, 별과 지구를 거쳐 우리 곁에 오게 된 거랍니다.

산소의 여정을 따라가기 전에 원소에 대해 알아볼게요. **원소**는 세상을 이루는 기본 재료예요. 요리 재료로 다양한 음식을 만드는 것처럼, 원소는 물, 공기, 심지어 우리 몸까지 만드는 재료랍니다. 원소는 더 작은 단위인 **원자**로 이루어져 있어요. 원자는 중심에 **원자핵**이 있고, 그 주위를 전자가 도는 구조예요. 원자핵은 양성자와 중성자로 이루어져 있는데, 이 중 양성자의 개수가 원소의 종류를 결정해요. 예를 들어, 양성자가 1개면 수소, 2개면 헬륨, 8개면 우리가 숨 쉬는 산소가 되는 거죠.

그렇다면 산소는 어떻게 만들어졌을까요? 약 138억 년 전, 우주의 시작으로 거슬러 올라가야 해요. 우주는 **빅뱅**이라는 엄청난 폭발로 태어났어요. 빅뱅으로 우주에 있는 모든 에너지와 물질이 처음 생겨났죠. 하지만 이때 만들어진 원소는 딱 두 가지, 수소와 헬륨뿐이었어요. 산소 같은 무거운 원소는 아직 없었답니다.

시간이 지나면서 우주에 떠다니던 수소와 헬륨이 뭉쳐 별이 만들어졌어요. 별의 중심부는 매우 뜨거워서, 여기서 핵융합이라는 반응이 일어나요. 이 반응으로 별은 탄소, 산소, 철 같은 무거운 원소들을 만들어 내요. 별의 크기가 클수록 더 무거운 원소를 만들 수 있답니다. 작은 별은 탄소까지만 만들 수 있지만, 큰 별은 산소와 철 같은 원소도 만들어 내요.

별이 수명을 다하면 **초신성 폭발**이라는 큰 사건이 일어나요. 이 폭발로 별 안에서 만들어진 산소 같은 원소들이 우주로 퍼지게 되죠. 초신성 폭발은 별의 마지막이지만, 동시에 새로운 시작이에요. 흩어진 원소들은 다시 모여 새로운 별과 행성을 만드는 재료가 돼요. 우리가 숨 쉬는 산소도 이렇게 초신성 폭발로 만들어졌어요.

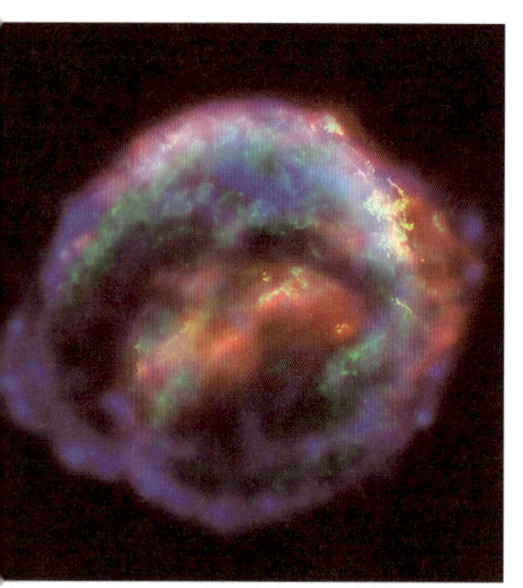

케플러 초신성 SN 1604의 잔해.
©NASA/ESA/JHU/R.Sankrit & W.Blair

우주에 흩어진 원소들은 약 46억 년 전, 태양계가 만들어질 때 지구로 왔어요. 그런데 초기 지구의 대기에는 산소가 거의 없었어요. 대신 이산화탄소와 메탄 같은 기체가 많았죠. 그렇다면 지구의 산소는 어디서 왔을까요? 약 27억 년 전, **시아노박테리아**라는 미생물이 등장했어요. 이 생물은 광합성을 하면서 이산화탄소를 산소로 바꾸기 시작했답니다. 시간이 지나면서 대기 중 산소가 점점 많아졌고, 약 24억 년 전에는 **산소 대폭발**이라는 사건이 일어났어요. 이때 산소가 급격히 증가하며 지구에 복잡한 생명체들이 살기 좋은 환경이 만들어졌죠.

결국, 우리가 숨 쉬는 산소는 우주에서 온 산소와 지구 생명체들이 만든 산소가 합쳐진 결과예요. 초신성 폭발로 우주에 흩어진 산소는 지구 물질의 일부가 되었고, 광합성을 하는 생명체들이 대기 중에 산소를 채워 줬어요. 이렇게 긴 여정을 통해 지금의 지구가 완성된 거죠.

우리가 숨 쉬는 산소에는 우주의 시작, 별의 삶과 죽음, 그리고 지구 생명체들의 노력이 모두 담겨 있어요. 맑은 공기를 마실 때, 이 산소가 우주와 지구의 긴 여정 끝에 만들어졌다는 사실을 떠올려 보세요. 우리 곁에 있는 산소가 우주의 이야기를 품고 있다는 게 놀랍지 않나요?

원소: 물질을 이루는 기본 재료로, 물질의 가장 작은 단위인 원자로 이루어져요.

원자핵: 원자핵은 원자의 중심에 위치한 작은 부분으로, 양성자와 중성자로 이루어져 있어요. 양성자의 개수가 원소의 종류를 정하며, 원소들의 성질을 결정하는 중요한 역할을 해요. 예를 들어, 양성자가 8개면 산소가 됩니다.

빅뱅: 우주의 시작을 알리는 큰 폭발이에요. 약 138억 년 전, 모든 공간과 에너지, 물질이 한 점에서 갑자기 팽창하면서 우주가 탄생했어요. 이때 만들어진 가장 처음의 원소는 수소와 헬륨이에요. 우리가 숨 쉬는 산소 같은 무거운 원소들은 빅뱅 이후에 별 안에서 만들어졌답니다.

초신성 폭발: 별이 수명을 다할 때 초신성 폭발이 일어나면서 별 안에서 만들어진 산소 같은 원소들이 우주로 퍼져요. 이 원소들은 새로운 별과 행성을 만드는 재료가 됩니다.

시아노박테리아: 아주 오래전에 지구에 살았던 작은 미생물이에요. 이 생물은 광합성을 통해 이산화탄소를 산소로 바꾸는 능력이 있었어요. 덕분에 지구의 대기 중 산소가 점점 많아지게 되었고, 약 24억 년 전에는 산소 대폭발이 일어났어요. 시아노박테리아는 지구 생명체가 숨 쉴 수 있도록 산소를 만들어 준 고마운 존재랍니다.

차근차근 토대 쌓기

중요 포인트 연결하기

다음 문제를 읽고, 원소의 의미 및 산소의 생성과 관련하여 옳은 것은 O, 옳지 않은 것은 X로 표시해 봅시다.

1 원소는 물질을 이루는 기본 재료로, 물질의 가장 작은 단위인 원자로 이루어져 있다. (O, X)

2 초신성 폭발이 일어나면 별 안에서 만들어진 산소 같은 원소들이 모두 소멸된다. (O, X)

3 시아노박테리아는 광합성을 통해 이산화탄소를 산소로 바꾸는 능력이 있다. (O, X)

정답: 1: O, 2: X, 3: O

글쓰기에 필요한 어휘 다지기

수명을 다한 별 안에서 만들어진 산소가 우주 전체로 퍼질 수 있는 이유는 바로 초신성 폭발 덕분이에요. 회색 부분을 따라 적으며, 폭발이 무엇인지와 어떻게 작용하는지 알아볼까요?

폭발　爆 터질 폭　發 일어날 발

· 과학에서 폭발은 어떻게 사용될까?

별이 수명을 다하면 초신성 **폭발**이라는 거대한 사건이 일어나고, 별 속에 있던 산소 같은 원소들이 우주로 퍼지게 돼요. 이 원소들은 새로운 별과 행성을 만드는 재료가 되죠.

· 일상에서 폭발을 어떻게 사용할까?

1. 자동차 에어백은 충돌을 감지하면 소량의 화약이 작은 **폭발**을 일으켜 순간적으로 기체를 만들고, 그 힘으로 에어백이 팽창해 사람을 보호해요.

2. 팝콘을 만들 때 알맹이 속 수분이 끓어 압력이 높아지면, 껍질이 터지는 작은 **폭발**이 일어나 하얀 팝콘으로 변해요.

보이지 않는 세계를 열어 보자!

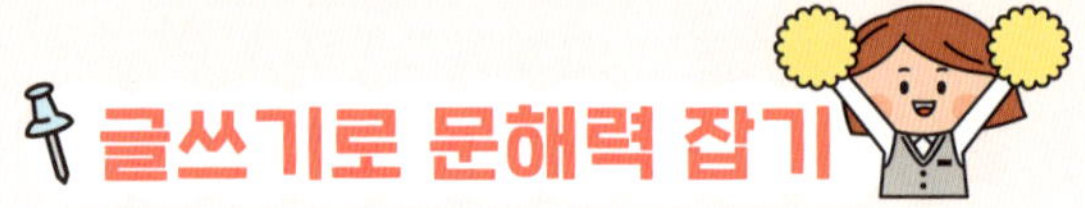

글쓰기로 문해력 잡기

우리가 매일 숨 쉬며 마시는 산소는 어디서 왔을까요? 우주의 시작부터 지구의 생명체까지, 산소가 걸어온 긴 여정을 단계별로 정리하며 글을 써 봅시다.

글쓰기를 돕는 힌트

- ☑ 산소는 어떤 원소인지, 그리고 우주에서 어떻게 만들어졌는지 생각해 볼까요?
- ☑ 시아노박테리아의 역할과 '산소 대폭발'의 의미를 알고 있나요?

Q1 산소는 어떤 원소이고, 어떻게 만들어지나요?

나의 문장: ________________________________

____

____

____

Q2 지구의 대기에는 처음부터 산소가 있었나요?

나의 문장: ________________________________

____

____

____

Chapter 2. 화학

나의 문장:

주기율표는 처음부터 완벽했을까?

_ 중2 과학, 고등 통합과학

📌 스토리로 생각 열기

스마트폰에서 앱을 정리할 때 여러분은 어떻게 배열하나요? 자주 쓰는 앱은 첫 화면에 두고, 비슷한 기능의 앱은 같은 폴더에 넣겠죠. 이렇게 나만의 규칙을 정해 두면 새로운 앱을 설치할 때도 어디에 둘지 쉽게 결정할 수 있어요. 과학자들도 자연에 존재하는 원소를 체계적으로 정리하기 위해 비슷한 노력을 했답니다. 하지만 이 규칙을 완성하기까지는 많은 시행착오와 고민이 필요했어요.

그런데 아직 발견되지 않은 원소의 성질까지 정확히 예측할 수 있다면 어떨까요? 1869년, 러시아의 화학자 멘델레예프는 원소를 성질에 따라 체계적으로 정리한 **주기율표**를 만들었어요. 그는 원소를 원자량에 따라 배열하고, 빈칸에 들어갈(즉, 아직 발견되지 않은)

원소들의 특징까지 자세히 예측했어요. 그때 사람들은 그의 주장을 믿지 못하며 이렇게 묻곤 했어요.

"멘델레예프, 발견되지도 않은 원소의 성질을 어떻게 알 수 있나요? 그건 너무 위험한 추측 아닌가요?"

멘델레예프는 자신 있게 대답했어요.

"과학은 규칙을 찾는 겁니다. 규칙이 있다면 빈칸에 들어갈 조각도 마찬가지로 예측할 수 있죠. 시간이 지나면 제 말이 맞다는 걸 알게 될 겁니다."

그리고 몇 년 뒤, 1875년 프랑스의 화학자 르코크 드 부아보드랑이 갈륨(Ga)을 발견했어요. 분석 결과, 멘델레예프가 예측했던 특징과 갈륨의 성질이 정확히 일치했답니다. 이 소식을 들은 멘델레예프는 흥분을 감추지 못하며 외쳤어요.

"보세요! 제 주기율표가 틀리지 않았습니다! 갈륨은 제가 예측했던 바로 그 자리에 있었어요!"

이후 스칸듐(Sc)과 게르마늄(Ge)도 차례로 발견되었고, 이 원소들 역시 멘델레예프의 예측과 완벽히 맞아떨어졌답니다. 이렇게 멘델레예프의 주기율표는 과학자들에게 원소를 연구할 수 있는 강력한 길잡이가 되었어요.

사실 멘델레예프 이전에도 원소를 정리하려는 시도는 많았어요. 18세기 말, 프랑스의 화학자 라부아지에는 원소를 **금속**, **비금속**, **기체**처럼 비슷한 특징을 기준으로 묶었고, 독일의 과학자 되베라이너는 성질이 비슷한 3개의 원소를 한 그룹으로 묶는 방법을 제

원소 주기율표

원자 번호
원소 기호
원소 이름
1 H 수소
기체 액체 고체
비금속 금속
1 H 수소
2 He 헬륨
3 Li 리튬
4 Be 베릴륨
5 B 붕소
6 C 탄소
7 N 질소
8 O 산소
9 F 플루오린
10 Ne 네온
11 Na 소듐
12 Mg 마그네슘
13 Al 알루미늄
14 Si 규소
15 P 인
16 S 황
17 Cl 염소
18 Ar 아르곤
19 K 포타슘
20 Ca 칼슘
21 Sc 스칸듐
22 Ti 타이타늄
23 V 바나듐
24 Cr 크로뮴
25 Mn 망가니즈
26 Fe 철
27 Co 코발트
28 Ni 니켈
29 Cu 구리
30 Zn 아연
31 Ga 갈륨
32 Ge 저마늄
33 As 비소
34 Se 셀레늄
35 Br 브로민
36 Kr 크립톤
37 Rb 루비듐
38 Sr 스트론튬
39 Y 이트륨
40 Zr 지르코늄
41 Nb 나이오븀
42 Mo 몰리브데넘
43 Tc 테크네튬
44 Ru 루테늄
45 Rh 로듐
46 Pd 팔라듐
47 Ag 은
48 Cd 카드뮴
49 In 인듐
50 Sn 주석
51 Sb 안티모니
52 Te 텔루륨
53 I 아이오딘
54 Xe 제논
55 Cs 세슘
56 Ba 바륨
란타넘족
72 Hf 하프늄
73 Ta 탄탈럼
74 W 텅스텐
75 Re 레늄
76 Os 오스뮴
77 Ir 이리듐
78 Pt 백금
79 Au 금
80 Hg 수은
81 Tl 탈륨
82 Pb 납
83 Bi 비스무트
84 Po 폴로늄
85 At 아스타틴
86 Rn 라돈
87 Fr 프랑슘
88 Ra 라듐
악티늄족
104 Rf 러더포듐
105 Db 두브늄
106 Sg 시보귬
107 Bh 보륨
108 Hs 하슘
109 Mt 마이트너륨
110 Ds 다름슈타튬
111 Rg 뢴트게늄
112 Cn 코페르니슘
113 Nh 니호늄
114 Fl 플레로븀
115 Mc 모스코븀
116 Lv 리버모륨
117 Ts 테네신
118 Og 오가네손
57 La 란타넘
58 Ce 세륨
59 Pr 프라세오디뮴
60 Nd 네오디뮴
61 Pm 프로메튬
62 Sm 사마륨
63 Eu 유로퓸
64 Gd 가돌리늄
65 Tb 터븀
66 Dy 디스프로슘
67 Ho 홀뮴
68 Er 어븀
69 Tm 툴륨
70 Yb 이터븀
71 Lu 루테튬
89 Ac 악티늄
90 Th 토륨
91 Pa 프로트악티늄
92 U 우라늄
93 Np 넵투늄
94 Pu 플루토늄
95 Am 아메리슘
96 Cm 퀴륨
97 Bk 버클륨
98 Cf 캘리포늄
99 Es 아인슈타이늄
100 Fm 페르뮴
101 Md 멘델레븀
102 No 노벨륨
103 Lr 로렌슘

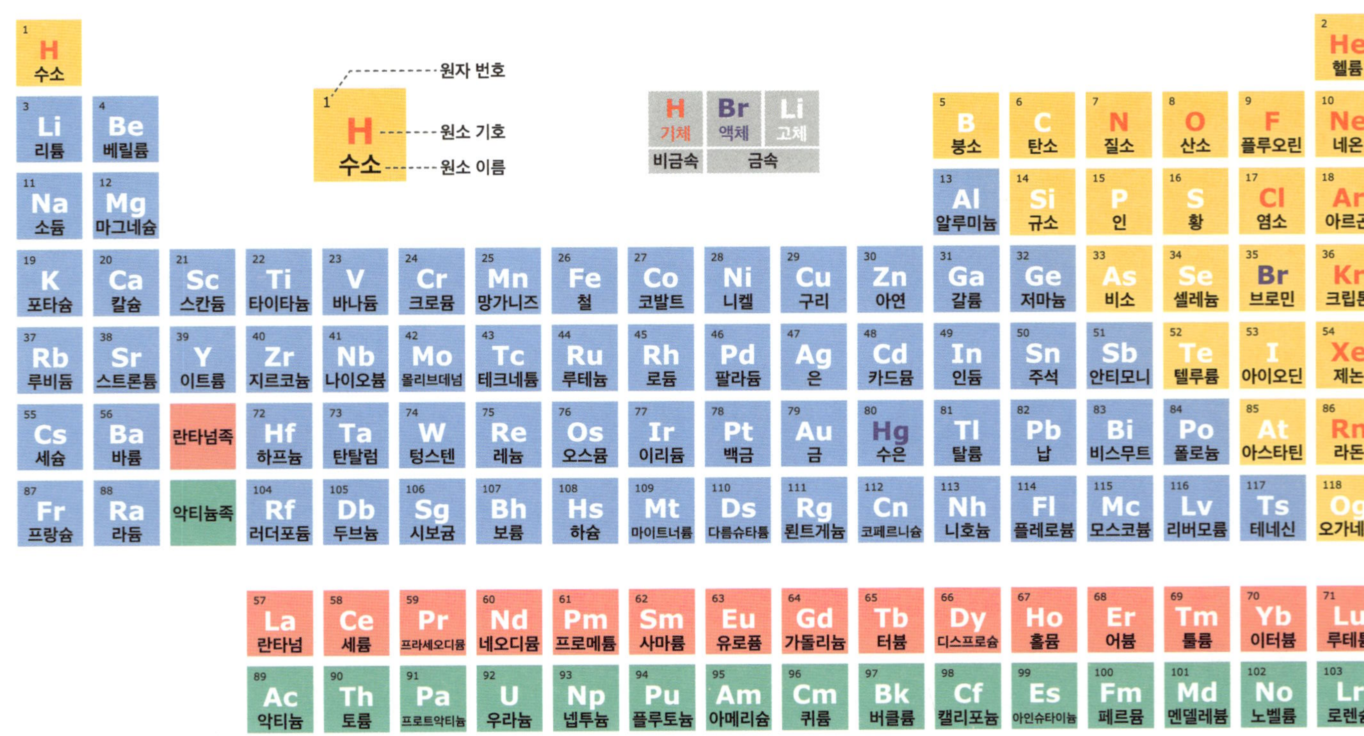

안했어요. 이런 연구들은 원소들 사이에 규칙이 있다는 중요한 힌트를 제공했죠. 이런 노력들이 없었다면 멘델레예프도 주기율표를 만드는 아이디어를 얻지 못했을지도 몰라요. 과학은 이렇게 여러 사람의 노력이 모여 발전해 나가는 거랍니다.

멘델레예프의 주기율표는 대단했지만, 시간이 지나면서 더 정교한 방법이 필요해졌어요. 1913년, 영국의 물리학자 모즐리는 원소를 무게(원자량)가 아니라 **원자 번호**, 즉 양성자의 개수 순서로 배열해야 더 정확하다는 사실을 발견했어요. 이 방법으로 원소를 정리하니 이전에는 맞지 않던 부분들이 완벽히 해결되었답니다. 이후 과학자들은 새로운 원소를 계속 발견하며 주기율표를 확장했고, 지금 우리가 사용하는 주기율표는 총 118개의 원소를 포함해 원소들의 관계를 한눈에 보여 주는 중요한 도구가 되었어요.

주기율표가 지금의 모습이 될 수 있었던 건 정말 많은 과학자들의 시행착오와 끊임없는 노력이 있었기 때문이에요. 이건 단순히 과학에만 한정되는 이야기가 아니라, 우리가 문제를 해결하고 목표에 다가갈 때도 배울 수 있는 중요한 교훈이랍니다.

멘델레예프라면 이렇게 말하지 않았을까요?

"완벽한 시작은 없지만, 꾸준히 노력하고 발견하다 보면 언젠가 온전한 규칙을 만들어 낼 수 있단다."

주기율표는 단순히 원소를 나열해 둔 표가 아니에요. 원소들이 가진 특징과 그 관계를 체계적으로 정리한 아주 중요한 도구랍니다.

멘델레예프가 빈칸 속에서 새로운 가능성을 발견했던 것처럼, 여러분이 하는 도전 속에도 무한한 가능성이 숨어 있다는 걸 잊지 마세요. 물론, 여러분도 처음에는 부족하거나 완벽하지 않을 수 있어요. 하지만 규칙을 찾아가고, 계속해서 개선해 나간다면 분명 더 나은 결과를 만들 수 있을 거예요.

💡 탄탄하게 개념 잡기

주기율표: 원소들을 성질에 따라 체계적으로 정리한 표예요. 멘델레예프는 원자량에 따라 원소를 배열했고, 빈칸에 들어갈 아직 발견되지 않은 원소의 성질까지 예측했어요. 이후 과학자들이 원자 번호를 기준으로 정리해 지금의 주기율표가 완성되었답니다.

원자 번호: 원자 속에 있는 양성자의 개수를 뜻해요. 처음에는 원자량(무게) 순서로 원소를 나열했지만, 시간이 지나면서 과학자들은 원자 번호 순서로 배열하는 것이 더 정확하다는 걸 알게 되었어요. 지금의 주기율표는 모두 원자 번호 순서로 정리되어 있어서, 성질이 비슷한 원소들이 주기적으로 나타나는 이유도 잘 설명할 수 있어요.

주기와 족: 주기율표에서 가로줄은 '주기', 세로줄은 '족'이라고 불러요. 같은 주기에 있는 원소들은 전자껍질 수가 같고, 같은 족에 있는 원소들은 화학적 성질이 비슷해요. 예를 들어, 1족에 있는 원소들은 모두 물과 격하게 반응하는 성질을 가지고 있어요. 이런 규칙 덕분에 과학자들은 발견되지

않은 원소의 성질도 예측할 수 있었어요.

금속: 광택이 나고, 전기와 열을 잘 전달하며, 쉽게 변형되는 성질을 가진 원소들이에요. 철, 금, 구리 같은 금속들은 주기율표에서 왼쪽과 가운데 부분에 위치해 있어요.

비금속: 금속과 달리 전기와 열을 잘 전달하지 않으며, 대체로 가벼운 원소들이 많아요. 산소, 탄소, 질소 같은 비금속들은 주기율표의 오른쪽 상단에 위치해 있답니다.

중요 포인트 연결하기 💬

다음 문제를 읽고, 주기율표와 관련하여 옳은 것은 O, 옳지 않은 것은 X로 표시해 봅시다.

1 주기율표의 규칙에 따라 발견되지 않은 원소의 성질도 예측할 수 있다. (O, X)

2 멘델레예프가 만든 주기율표가 변동 없이 현대에도 계속 쓰이고 있다. (O, X)

3 철, 구리 같은 금속은 주기율표에서 왼쪽과 가운데 부분에 위치해 있다. (O, X)

정답: **1**: O, **2**: X, **3**: O

글쓰기에 필요한 어휘 다지기 🎵

우리가 숨 쉬는 공기와 물, 해상 석유 플랫폼을 이루는 재료까지 모두 원소로 만들어졌어요. 회색 부분을 따라 적으며, 원소란 무엇인지와 우리 주변에서 어떻게 쓰이는지 알아볼까요?

원소 元 (으뜸 원) 素 (바탕 소)

· **과학에서 원소는 어떻게 사용될까?**

주기율표는 원소를 체계적으로 정리한 도구예요. 덕분에 원소의 성질을 예측하고, 새로운 원소를 발견할 수 있었죠.

· **일상에서 원소를 어떻게 사용할까?**

1. 철로 만든 프라이팬, 금으로 만든 반지, 그리고 풍선 속 헬륨까지, 우리 생활 속 물건들은 모두 원소로 이루어져 있어요.

2. 전기차 모터나 스마트폰 스피커에 쓰이는 희토류 원소도, 과학자들이 주기율표로 정리해 성질을 파악하고 다양한 기술 개발에 활용하고 있어요.

📌 글쓰기로 문해력 잡기

멘델레예프의 도전에서 내가 배울 점은 무엇인가요? 멘델레예프는 '발견되지 않은 원소'의 존재를 예측하고, 규칙성이 있다고 믿으며 어려운 문제를 해결하기 위해서 도전을 멈추지 않았습니다. 여러분의 경험도 궁금합니다!

글쓰기를 돕는 힌트

- ☑ 멘델레예프의 태도 중 인상 깊었던 부분을 설명해 볼까요?
- ☑ 멘델레예프처럼 쉽게 해결하기 어려웠던 문제를 풀어 본 경험이 있나요?

Q1 멘델레예프의 행동을 볼 때 인상 깊었던 부분은 무엇인가요?

나의 문장: ______________________________

____

____

____

____

Q2 여러분도 쉽게 풀리지 않던 문제를 해결하거나 규칙을 발견한 적이 있나요?

나의 문장: ______________________________

____

____

____

보이지 않는 세계를 열어 보자!

Q3 멘델레예프처럼 포기하지 않고 해 보고 싶은 일이 있나요?

나의 문장:

원자는 정말 쪼갤 수 없는 것일까?

_ 2016학년도 6월 모의평가 A형

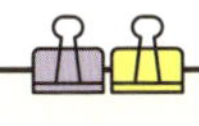

📌 스토리로 생각 열기

아주 오랜 옛날, 사람들은 천둥, 번개, 지진과 같은 자연 현상을 신들의 뜻으로 설명했어요. 예를 들어 그리스 신화에서는 번개는 하늘과 천둥의 신 제우스가 내리는 것이고, 지진은 바다의 신 포세이돈이 화가 나서 일으킨다고 믿었지요. 하지만 시간이 지나면서, 사람들은 이러한 자연 현상이 신이 아니라 일정한 법칙에 따라 일어난다고 생각하기 시작했어요.

기원전 6세기경, 오늘날 터키 서부 해안에 있었던 이오니아 지역의 철학자들은 자연을 신화로 설명하지 않으려고 했어요. 즉, 자연은 일정한 법칙에 따라 움직이며, 논리적으로 설명할 수 있다고 말했지요. 그래서 "우리가 보고 있는 모든 물질은 무엇으로 이루어졌을까?"라는 질문이 자연스럽게 등장했어요.

세상을 이루는 데 가장 중요하고 필수적인 것이 무엇인지, 그에 대한 답을 찾기 위해 여러 철학자들이 다양한 의견을 내놓았어요. 탈레스는 만물의 근원이 물이라고 주장했고, 아낙시메네스는 공기라고 했어요. 지금 보면 엉터리 같은 생각일 수도 있지만, 당시로서는 매우 신박하고 놀라운 사고방식이었어요.

그런데 기원전 5세기경, 레우키포스와 데모크리토스라는 철학자는 다른 주장을 했어요. 그들은 물질이 '더 이상 나눌 수 없는(그리스어로 atomos) 작은 입자'인 **원자(atom)**로 이루어져 있다고 믿었어요. 그러니까 세상의 모든 것은 보이지 않는 작은 입자(원자)와 빈 공간으로 이루어져 있고, 원자는 더 이상 쪼개질 수 없으며, 영원하고 변하지 않는다고 생각했지요.

하지만 원자가 실제로 존재하는지 당시 사람들은 직접 확인할 길이 없었어요. 원자론은 이후에도 오랫동안 철학적 가설에 불과했지요. 그러나 시간이 지나면서 많은 과학자들이 물질을 연구했고, 물과 공기가 아니라 원자가 물질을 이루는 기본 단위라는 것을 증명하려는 노력이 이어졌어요.

19세기에 접어들면서, 다양한 실험 기구의 발전으로 인해 과학자들은 원자의 존재를 점점 더 깊이 연구할 수 있었어요. 1897년, 톰슨은 기체 방전관 실험을 통해 원자 내부에서 아주 가벼운 음전하를 띤 작은 입자가 튀어나오는 것을 발견했어요. 이 입자는 원자보다 훨씬 작고 가벼웠는데, 톰슨은 이를 **전자**라고 불렀어요. 전자는 같은 전하를 띠고 있어서 서로 밀어내려 하는데, 원자는 어떻게

     Chapter 2. 화학

형태를 유지할까요? 톰슨은 원자 내부에 양전기를 띠는 어떤 물질
이 퍼져 있고, 그 속에 전자가 박혀 있다고 생각했어요. 즉, 텅텅 빈
공간에 아주 작은 전자가 콕콕 박혀 있다고 생각했답니다. 마치 건
포도가 빵 반죽 속에 박혀 있는 것과 같다고 해서, 이를 **건포도빵
모형**이라고 불렀지요.

하지만 이 건포도빵 모형
은 러더퍼드의 실험에 의해
서 바뀌었지요. 1911년, 러
더퍼드는 아주 얇은 금박에
작은 입자(알파 입자)를 쏘아
보는 실험을 했어요. 만약

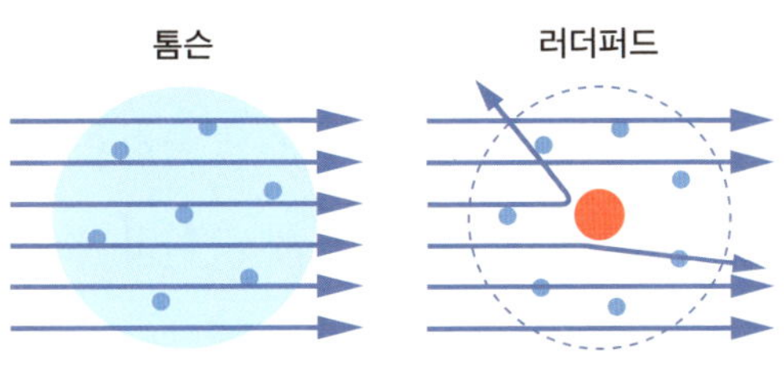

**톰슨의 모형에 의해 예상된 결과와
실제 러더퍼드의 실험 결과에 따른 원자 모형.**
©Kurzon

원자가 건포도빵과 같다면, 모든 입자가 그대로 통과해야 했지요.
왜냐면 톰슨은 텅텅 빈 공간에 아주 작은 전자가 콕콕 박혀 있다고
말했기 때문이지요. 하지만 실험 결과 몇몇 입자는 튕겨 나가서 방
향을 바꾸었어요. 이는 원자의 중심에 매우 작은, 하지만 강한 힘을
가진 핵이 존재한다는 것을 의미했어요. 러더퍼드는 이를 **원자핵**
이라고 불렀어요. 그러니까 원자보다 더 작은 세상이 존재한다는
것이 확실해진 것이지요.

사람들은 원자보다 더 작은 원자핵은 무엇으로 이루어져 있을지
연구하기 시작했어요. 1919년, 러더퍼드는 원자핵 안에 양전하를
띠는 입자가 있다는 것을 확인했어요. 이 입자는 우리가 **양성자**라
고 부르는 것이에요. 그런데 한 가지 문제가 있었어요. 만약 원자핵

이 양성자로만 이루어져 있다면, 같은 전하를 띠고 있는 양성자들이 서로 밀어내야 하는데, 왜 원자핵이 튼튼하게 유지될까요?

이 의문을 해결하기 위해 1932년, 채드윅은 또 다른 입자가 원자핵 속에 존재한다는 사실을 밝혀냈어요. 이 입자는 전하를 띠지 않고, 양성자와 비슷한 질량을 가지고 있었어요. 그는 이를 **중성자**라고 불렀어요. 중성자는 전기를 띠지 않기 때문에 양성자들 사이에서 반발력을 막아 주는 역할을 했어요. 즉, 중성자가 없으면 양성자끼리 밀어내려고 해서 원자핵이 유지되지 않을 수도 있었던 거예요.

이렇게 오랜 세월 동안 많은 과학자들의 연구 끝에, '원자는 더 이상 쪼개지지 않는 입자가 아니라 내부 구조를 가진 복잡한 존재'라는 것이 밝혀졌어요. 단순히 '원자는 쪼개질 수 있다'는 사실을 증명하는 데만 수백 년이 걸렸지요. 하지만 이 과정을 통해 우리는 물질의 근본적인 성질을 이해하고, 원자핵을 이용한 에너지를 개발하는 등 수많은 기술을 발전시킬 수 있었어요.

과학은 항상 "왜?"라는 질문에서 시작돼요. 우리는 왜 원자가 존재하는지, 왜 물질이 우리 눈에 보이는 형태로 있는지 질문하면서 새로운 지식을 발견해요. 여러분도 궁금한 것이 있으면 꼭 해결하려고 해 보세요. 우리의 작은 질문 하나가 인류의 새로운 발견으로 이어질 수도 있으니까요!

원자: 세상의 모든 물질은 아주 작은 입자인 원자로 이루어져 있어요. 원자는 더 이상 나눌 수 없다고 여겨졌지만, 과학자들은 원자 안에도 구조가 있다는 것을 발견했어요. 원자는 중심에 있는 원자핵과 그 주위를 도는 전자로 이루어져 있어요.

원자핵: 원자 중심에 있는 아주 작은 입자 덩어리예요. 양성자와 중성자로 이루어져 있고, 원자 전체 질량의 대부분을 차지해요. 전자는 원자핵 바깥을 돌고 있지만, 원자의 무게 중심은 대부분 원자핵에 있어요. 러더퍼드의 금박 실험 덕분에 원자핵이 존재한다는 사실을 처음 알게 되었어요.

전자, 양성자, 중성자: 원자핵 안에는 양성자(+전기를 띰)와 중성자(전기를 띠지 않음)가 있어요. 전자(-전기를 띰)는 원자핵 주위를 돌고 있어요. 이 세 가지 입자는 원자의 구조를 이루는 기본 입자예요. 중성자는 양성자끼리 밀어내지 않도록 도와주는 역할을 해요.

건포도빵 모형: 1897년 톰슨이 전자를 발견한 뒤 제안한 원자의 모습에 대한 첫 번째 모형이에요. 그는 원자 내부에 양전하를 띠는 어떤 물질이 반죽처럼 퍼져 있고, 그 속에 전자가 박혀 있다고 생각했어요. 마치 건포도가 빵 속에 박힌 것처럼요. 지금은 틀린 이론이지만, 당시에는 원자 내부를 상상하는 중요한 시작이 되었어요.

 원자에 대한 지식은 한 번에 생긴 게 아니에요. 톰슨, 러더퍼드, 채드윅 같은 과학자들이 실험을 반복하며 전자, 원자핵, 양성자, 중성자 등을 차례로 발견했어요. 과학은 작은 질문에서 시작해서, 오랜 시간 동안 노력하며 발전한다는 것을 보여 줍니다.

중요 포인트 연결하기

다음 문제를 읽고, 원자에 대한 지식과 관련하여 옳은 것은 O, 옳지 않은 것은 X로 표시해 봅시다.

1 데모크리토스는 물질이 아주 작은 입자인 원자로 이루어졌다고 주장했다. (O, X)
2 탈레스는 만물의 근원이 원자라고 생각했다. (O, X)
3 러더퍼드는 실험을 통해 원자 안에는 중심에 원자핵이 있다는 것을 알아냈다. (O, X)

정답: 1: O, 2: X, 3: O

글쓰기에 필요한 어휘 다지기

우리가 보고 만지는 모든 물질은 무엇으로 이루어져 있을까요? 바로 '원자'라는 아주 작은 입자들이에요. 회색 부분을 따라 적으며, 원자가 무엇인지와 어떻게 구성되어 있는지 알아볼까요?

원자 原 근원 원　子 첫째 자

· 과학에서 원자는 어떻게 사용될까?

원자는 물질을 이루는 가장 작은 입자예요. 과학자들은 원자를 연구해 물질의 성질을 이해하고, 신약 개발이나 원자력 발전 등 다양한 분야에도 활용해요.

· 일상에서 원자를 어떻게 사용할까?

1. 우리가 마시는 물 한 잔도, H와 O라는 원자들이 모여 만들어진 거예요.

2. 전구의 필라멘트가 오래 버티는 이유도, 그 안에 있는 텅스텐 원자가 아주 높은 온도에서도 잘 견디기 때문이에요.

보이지 않는 세계를 열어 보자!

원자의 구조는 한 번에 발견되지 않았어요! 아주 옛날 사람들은 물질이 무엇으로 이루어졌는지 상상하며 다양한 답을 내놓았어요. 하지만 시간이 지나며 과학자들은 실험을 통해 그 생각을 바꿔 갔지요. 철학자들의 생각과 과학자들의 발견을 비교해 보고, 내가 인상 깊었던 내용을 정리해 보세요.

글쓰기를 돕는 힌트

☑ 아주 옛날 철학자들이 물질의 근원에 대해 어떤 생각을 했는지 설명해 볼까요?

☑ 아주 오래전 철학자들과 이후 과학자들의 생각이 어떻게 다른지 비교해 볼까요?

Q1 아주 오래전 철학자들은 물질이 무엇으로 이루어졌다고 생각했나요? 그중 한 명의 이름과 생각을 정리해 보세요.

나의 문장:

Q2 톰슨이나 러더퍼드는 실험을 통해 무엇을 발견했나요? 원자에 대한 생각이 아주 오래전 철학자들과 어떻게 달라졌나요?

나의 문장:

기체도 수학으로 설명할 수 있을까?

📌 스토리로 생각 열기

수식은 우리 생활을 편리하게 만드는 강력한 도구예요. 하지만 많은 학생이 수식을 보면 "너무 복잡해!"라고 생각하곤 하죠. 시험 문제에 나오면 머리가 지끈거리고, 숫자와 기호들이 어지럽게 느껴져 어려워 보이기 때문이에요. 그런데 수식은 단순히 머리를 아프게만 하는 것이 아니라, 세상을 정확하게 이해하고 설명하는 데 큰 도움이 되는 친구랍니다.

예를 들어, 원영이와 유진이가 100m 달리기 시합을 벌인다고 상상해 보세요. 원영이는 15초에, 유진이는 17초에 결승선을 통과했다고 가정해 볼게요. 당연히 원영이가 더 빠를 것 같지만, 수식을 사용하면 두 친구의 속도를 정확하게 비교할 수 있어요.

$$원영이의\ 속도 = 100 \div 15 \approx 6.67m/s$$

$$유진이의\ 속도 = 100 \div 17 \approx 5.88m/s$$

이 계산을 통해 원영이가 매초 약 0.79m 더 빠르게 달린다는 것을 알 수 있고, 만약 유진이가 연습해 16초에 결승선을 통과한다면 그의 속도는 $100 \div 16 = 6.25m/s$가 되어 두 속도를 쉽게 비교할 수 있죠.

수식의 장점을 살펴보면, 첫째로 수식은 정확한 비교를 가능하게 해요. "더 빠르다"라고만 말하는 대신, 수식을 통해 두 친구의 속도 차이를 숫자로 명확하게 알 수 있거든요. 둘째, 수식은 미래를 예측하는 데 도움을 줍니다. 예를 들어, 유진이가 연습해서 기록이 개선되면 새로운 기록을 수식에 대입해 결과를 미리 계산할 수 있어요. 셋째, 수식은 다양한 분야에 적용됩니다. 학교에서 배우는 과학 실험이나 경제 문제뿐만 아니라, 우리가 매일 사용하는 자동차에도 수식이 숨어 있죠. 예를 들어, 자동차 연비는 1리터의 연료로 몇 km를 주행할 수 있는지를 나타내는데, 이 수치를 통해 연료 효율을 높이고 환경 보호에도 기여할 수 있답니다. 이처럼 수식은 우리 생활 곳곳에서 중요한 역할을 해요.

옛날 사람들도 수식을 통해서 자연 현상을 연구하기 시작했는데요. 대표적인 것 중 하나가 바로 기체였어요. 특히 산업혁명 시절 증기기관이라는 발명품이 등장하면서 기체의 성질을 이해하는 것이 매우 중요해졌죠. 증기기관은 물을 끓여 나온 뜨거운 증기가 팽창할 때 발생하는 힘으로 기계를 움직였어요. 예전에는 대부분의 일을 사람이 손으로 하거나 동물의 힘에 의존했기 때문에 생산 속도와 작업 능력이 한정적이었지만, 증기기관 덕분에 기계화가 가능해지면서 공장에서 대량생산이 이루어지고, 기차와 선박이 등장해 사람과 물건을 훨씬 빠르고 멀리 실어 나를 수 있게 되었어요. 이 기술은 이후 모터나 제트엔진으로 발전해 오늘날 자동차와 비행기가 더욱 빠르고 효율적으로 움직일 수 있는 기반이 되었답니다.

이런 발전의 배경에는 기체의 성질을 수식으로 정확하게 표현하려는 노력이 있었어요. 그중 하나가 **토리첼리의 실험**입니다. 토리첼리는 유리관을 수은으로 꽉 채운 후 입구를 막고 뒤집어 수조에 넣었는데, 수은 기둥이 약 76cm 높이에서 멈췄죠. 이 실험으로 "공기에도 무게가 있고, 누르는 힘인 압력이 존재한다"는 사실을 밝혀냈어요. 압력은 타이어의 공기압이나 집안 수도꼭지에서 물이 나오는 힘 등 우리 생활 곳곳에서 쉽게 찾아볼 수 있죠. 자동차 타이어의 공기압이 낮아졌을 때 부모님께서 "펑크 났네"라고 하신 적 있지 않나요?

이어 영국의 과학자 로버트 보일은 기체의 압력과 부피 사이의 관계를 연구했어요. 예를 들어, 1기압 상태에서 2리터의 기체를 압축해 1리터로 만들면 기체를 누르는 압력이 2배로 증가해 2기압이 된다는 사실을 실험으로 확인했죠. 이렇게 단순히 "힘을 줘서 압력이 증가한다"고 설명하는 대신, 기체의 압력을 숫자로 정확하게 나타낼 수 있다는 점이 정말 놀랍습니다. 압력(P)과 부피(V)가 서로 반비례한다는 관계를 수식으로 표현하면, 다음과 같은 **보일의 법칙**이 성립해요.

$$P \times V = 일정$$

증기기관의 작동 원리와 밀접한 또 다른 기체의 성질은 온도와 부피 사이의 관계예요. 증기기관에서는 뜨거운 증기가 팽창해 큰 힘을 내는데, 과학자들은 "왜 온도가 높아지면 기체가 부풀어 오를까?"라는 의문을 품었어요. 프랑스의 자크 샤를은 일정한 압력 하에서 기체의 온도(T)를 올리면 부피(V)도 비례해 커진다는 사실을 발견했습니다(**샤를의 법칙**). 즉, 기체가 들어 있는 풍선에 뜨거운 물을 붓자 풍선이 부풀어 오르는 현상을 정확하게 설명할 수 있게 된 것이지요. 예를 들어, 273K(약 0°C)에서 1리터였던 기체가 온도가 2배인 546K(약 273°C)로 올라가면 부피도 2리터가 되는 것을 관찰할 수 있어요. 이 관계는 $V \propto T$로 표현되며, 여기서 T는 절대온도를 의미해요.

이처럼 기체의 성질을 수식으로 정확하게 표현하는 것을 '**정량적**'이라고 해요. 정량적이라는 말은 단순한 느낌이나 경험에 의존하지 않고, 숫자와 공식으로 정확하게 나타내는 것을 의미합니다. 이렇게 정량적으로 연구하면 실험 결과를 명확하게 비교하고 미래의 변화를 예측할 수 있답니다.

여러 과학자들의 연구를 바탕으로, 기체의 압력(P), 부피(V), 온도(T)와 기체의 양(n) 사이의 관계를 한꺼번에 설명하는 공식이 만들어졌어요. 바로 **이상기체 상태 방정식**인데, 이 수식은 다음과 같이 표현됩니다.

$$PV = nRT$$

(여기서 R은 기체의 종류와 관계없이 일정한 값을 가지는 기체상수예요.)

기체의 양과 온도가 일정할 때 부피가 절반으로 줄면 압력이 2배로 증가하는 현상에서 볼 수 있듯, 이 수식을 통해 기체의 성질을 숫자로 정확하게 예측할 수 있어요. 정량적으로 표현한다는 것은 자연 현상을 수학적으로 명확히 이해하고, 그 결과를 다양한 상황에 적용해 활용할 수 있다는 뜻입니다.

이러한 기체 관련 수식 연구 덕분에 우리의 삶은 크게 달라졌어요. 증기기관의 발명으로 공장에서 기계를 작동시킬 수 있게 되었지요. 사람이 힘으로만 일하던 시대와 달리, 일의 기계화가 가능해졌습니다. 그 결과 대량생산이 이루어지고, 기차와 선박이 등장해 먼 거리를 빠르게 이동할 수 있게 되었죠. 이후 내연기관과 제트엔진이 발전하면서 현대의 자동차와 비행기는 더욱 빠르고 효율적으로 움직일 수 있게 되었어요. 예를 들어, 자동차 연비는 1리터의 연료로 몇 km를 주행할 수 있는지를 나타내는 지표로, 이를 수식으로 계산하면 최적의 주행 조건을 찾고 연료 효율을 높이는 데 도움이 됩니다.

여러분도 일상에서 수식을 활용해 볼 수 있어요. 매달 용돈을 어떻게 관리할지 고민할 때, 받은 용돈을 저축, 사용, 기부 등으로 일정한 비율로 나누어 계획을 세우면 자신만의 '생활 수식'을 만들어 볼 수 있겠죠. 또는 학교 과제를 계획할 때 각 과목에 투자할 공부 시간을 숫자로 정해 보면 시간 관리를 체계적으로 할 수 있어요. 이처럼 수식을 활용하면 복잡해 보이는 문제들도 숫자와 규칙으로 정리해 쉽게 해결할 수 있습니다.

수식은 어려워 보일 수 있지만, 우리 주변의 많은 비밀을 풀어 주는 열쇠예요. "이 수식이 내 생활을 더 풍요롭고 편리하게 만들어 주는 도구구나!"라는 생각을 하게 된다면, 숫자를 다루는 것이 더 이상 어렵게 느껴지지 않을 거예요.

💡 탄탄하게 개념 잡기

수식: 수식은 숫자와 기호로 만든 문장이에요. 복잡한 문제를 쉽게 풀고, 정확하게 비교하거나 예측할 수 있도록 도와주는 도구예요. 속도, 연비, 공부 시간처럼 우리 생활에도 수식이 숨어 있어요.

정량적 사고: 숫자와 수식을 사용해 정확하게 표현하는 걸 말해요. 느낌이나 대충이 아니라, 정확한 수치를 통해 생각하고 판단하는 힘을 키우는 것이에요. 정량적으로 생각하면 과학 실험, 시간 관리, 생활 계획에도 도움이 돼요.

기체의 성질: 기체는 온도와 부피, 압력 사이에 특별한 규칙이 있어요. 기체의 온도가 높아지면 부피가 커진답니다. 또는 기체의 부피를 줄이면 압력이 세져요. 이 관계를 숫자와 수식으로 표현하면, 자연 현상을 더 정확하게 이해할 수 있어요.

보일의 법칙: 기체의 압력(P)과 부피(V) 사이의 관계를 설명해요. 온도와 기체의 양이 일정할 때, 기체의 부피가 줄어들면 압력은 커지고, 부피가 커지면 압력은 작아져요. 이 두 값이 곱해진 값은 항상 일정하기 때문에, 수식으로는 'P×V=일정'이라고 표현할 수 있어요. 보일의 법칙 덕분에 우리는 기체를 다루는 여러 장치나 기계를 더 정확하게 설계할 수 있게 되었어요.

샤를의 법칙: 기체의 부피(V)가 온도(T)에 따라 어떻게 변하는지를 알려줘요. 압력과 기체의 양이 일정할 때, 기체의 온도가 올라가면 부피도 커지고, 온도가 내려가면 부피도 작아져요. 이 두 값은 서로 비례 관계에 있기 때문에, 수식으로는 $V \propto T$라고 나타낼 수 있어요. 풍선이 따뜻한 곳에서는 부풀고, 차가운 곳에서는 줄어드는 것도 바로 이 법칙 덕분이에요.

 Chapter 2. 화학

중요 포인트 연결하기

다음 문제를 읽고, 수식의 역할과 기체의 성질과 관련하여 옳은 것은 O, 옳지 않은 것은 X로 표시해 봅시다.

1 수식을 사용하면 사람이나 사물의 움직임을 숫자로 정확하게 비교할 수 있다. (O, X)

2 기체는 온도가 낮아질수록 부피가 커진다. (O, X)

3 수식은 과학 문제에만 쓰이고, 일상생활에는 전혀 도움이 되지 않는다. (O, X)

정답: **1**: O, **2**: X, **3**: X

글쓰기에 필요한 어휘 다지기

우리는 느낌이나 감정이 아닌, 숫자와 수식으로 현상을 정확하게 표현할 수 있을 때 '정량적으로 표현한다'고 해요. 회색 부분을 따라 적으며, 정량이 무엇인지, 또 왜 중요한지 함께 생각해 볼까요?

정량 定 정할 정 量 헤아릴 량

· 과학에서 정량은 어떻게 사용될까?

정량은 자연 현상을 수식이나 숫자로 정확하게 표현할 때 사용돼요. 예를 들어, 기체의 부피와 압력의 관계를 나타낸 보일의 법칙처럼요.

· 일상에서 정량을 어떻게 사용할까?

1. 운동 경기에서 속도 비교할 때
예: 100m 달리기에서 몇 초 만에 도착했는지를 계산해 누가 더 빠른지 숫자로 비교하는 것도 정량이에요.

2. 용돈 관리할 때
예: 받은 용돈을 저축 50%, 사용 30%, 기부 20%로 나눠 계획을 세우는 것도 정량이에요.

보이지 않는 세계를 열어 보자!

📌 글쓰기로 문해력 잡기 

내 삶 속에서 수식을 찾아볼까요? 수식은 교과서에서만 쓰이는 게 아니라 우리 생활 곳곳에서 활용되는 유용한 도구예요. 이번에는 여러분의 삶에서 수식과 정량적 사고가 필요한 순간을 떠올려 글로 표현해 봅시다.

글쓰기를 돕는 힌트

☑ 일상에서 숫자나 수식으로 비교하거나 결정한 경험이 있나요?

☑ 정확하게 알고 싶어서 계산해 본 경험이 있었는지 떠올려 보세요.

Q1 일상에서 '수식'이나 '숫자 계산'을 사용했던 경험이 있나요? 그때 어떤 수식을 쓰거나 숫자 계산을 했고, 어떤 도움이 되었나요?

나의 문장:

Q2 내가 '정확하게 비교하거나 예측'하고 싶어서 숫자나 수식을 활용했던 적이 있나요? 그냥 느낌대로 하지 않고 수식을 사용했을 때 어떤 점이 달랐나요?

나의 문장:

Q3 앞으로 내가 '정량적으로 생각'해 보고 싶은 일이 있다면 어떤 것인가요?

나의 문장:

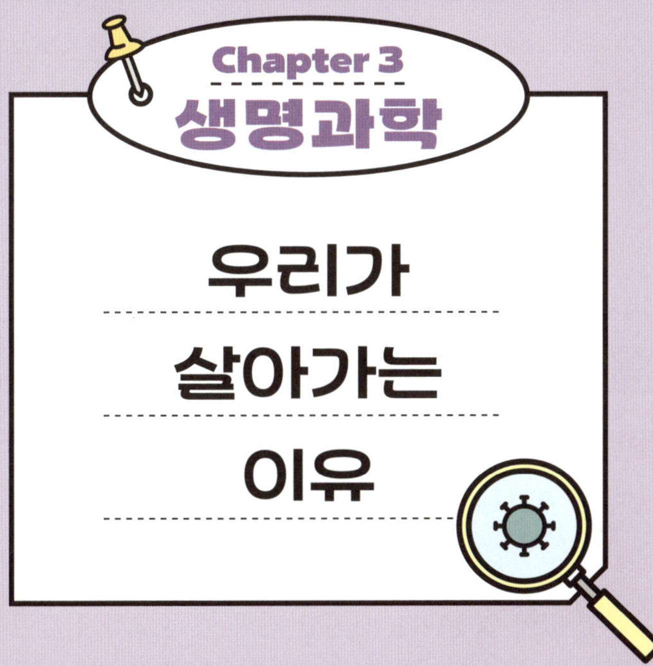
Chapter 3
생명과학
우리가
살아가는
이유

세포로 심장을 만든다고?
어떻게 가능할까?

_ 중1 과학

📌 스토리로 생각 열기

　운동장에서 친구들과 축구를 하다가 숨이 차고 심장이 두근거리는 걸 느껴 본 적 있나요? 또는 무서운 영화를 볼 때 가슴이 쿵쾅거렸던 경험은요? 심장은 이렇게 우리가 뛰고 숨 쉬고 감정을 느낄 때까지 쉼 없이 일합니다. 하지만 만약 이 중요한 심장이 제대로 작동하지 않는다면 어떻게 될까요? 심장이 약해지거나 멈추면 우리 몸 전체가 위험해질 수 있어요.

　이런 심각한 상황에서는 심장 이식이 필요할 때도 있어요. 하지만 심장 이식은 쉽지 않은 수술이고, 이식받을 심장을 찾기도 어렵답니다. 그렇다면 심장병 환자들에게 희망이 될 새로운 방법은 없을까요? 이 질문에 답을 찾기 위해 과학자들이 심장을 직접 만드는 방법을 연구하고 있습니다. 오늘은 박 교수님과 함께 그 이야기를 들어 볼까요?

기자 "박 교수님, 안녕하세요! 요즘 과학자들이 세포를 이용해 심장을 만든다는 이야기를 들었어요. 정말 가능한가요? 학생들이 이해하기 쉽게 설명 부탁드립니다."

박 교수 "안녕하세요. 좋은 질문이에요. 제가 연구 중인 이야기를 들려줄 수 있어서 반갑습니다. 먼저 심장에 대해 간단히 설명해 볼게요. 심장은 우리 몸에서 피를 보내는 펌프 같은 역할을 해요. 하루에 약 10만 번이나 뛰면서 온몸에 산소와 영양분을 전달하죠. 그런데 이 중요한 심장은 한 번 손상되면 스스로 고칠 수 없어요. 그래서 심장병 환자들이 큰 위기를 겪는 경우가 많답니다."

기자 "그렇다면 심장을 이식받으면 되는 거 아닌가요?"

박 교수 "그렇게 생각할 수 있어요. 실제로 심장 이식을 받는 환자도 있지요. 하지만 그 과정이 쉽지는 않답니다. 매년 전 세계적으로 약 5만 명이 심장 이식을 필요로 하지만, 실제로 이식을 받는 사람은 10명 중 1명뿐이에요. 이유는 기증자가 부족하기 때문이에요. 또, 심장은 이식 가능 시간이 4시간밖에 안 돼서 기증자와 환자가 멀리 떨어져 있으면 이식이 불가능해요. 심장을 이식받았다 해도 **면역 거부 반응**이라는 문제가 생길 수 있어요. 환자의 몸이 새 심장을 낯선 침입자로 인식하고 공격해 버리는 거죠."

기자 "이식을 받는 것도 어렵고, 받고 나서도 문제가 많네요."

박 교수 "맞아요. 그래서 많은 과학자들이 새로운 방법을 찾고 있어요. 그중 하나가 바로 줄기세포를 이용해 심장을 재생하거나 만드는 기술이에요."

기자 "줄기세포라니, 뭔가 복잡하게 들리는데요. 줄기세포가 뭔지 쉽게 설명해 주실 수 있나요?"

박 교수 "줄기세포는 쉽게 말해 '변신할 수 있는 세포'예요. 어떤 세포로든 변할 수 있는 만능 세포라고 보면 돼요. 예를 들어, 줄기세포를 심장 근육 세포로 변신시키면 심장을 고치는 데 사용할 수 있어요. 더 신기한 건, 피부나 혈액 같은 평범한 세포를 줄기세포처럼 변신시킬 수도 있다는 거예요. 이를 **유도만능줄기세포(iPSC)**라고 부르는데, 기존 세포를 '리셋'해서 다시 줄기세포처럼 만드는 거죠. 이렇게 하면 환자 본인의 세포를 이용할 수 있어 면역 거부 반응도 줄일 수 있어요."

기자 "그럼 줄기세포로 진짜 심장을 만들 수 있는 건가요?"

박교수 "완전한 심장을 만드는 건 아직 어렵지만, 줄기세포를 심장 근육 세포로 바꾸는 건 가능해요. 실험실에서 줄기세포를 특정 조건으로 키우면 일부가 심장 근육 세포로 바뀌기 시작하거든요. 물론, 이 조건을 만족한다고 해도 실제 심장 근육 세포까지는 갈 길이 멉니다. 그래도 이렇게 만들어진 심장 근육 세포는 심장처럼 스스로 뛰는 성질이 있어요. 현미경으로 보면 진짜로 움직이는 걸 볼 수 있죠. 이 세포를 심장병 연구나 손상된 심장을 고치는 데 사용할 수 있답니다."

기자 "심장을 흉내 낸 작은 심장도 만들 수 있다던데, 그건 뭔가요?"

박교수 "심장 오가노이드라는 건데요, 줄기세포로 만든 작은 심장 모델이에요. 크기는 작지만 심장의 구조와 기능을 흉내 낼 수 있어요. 이 오가노이드는 약물 실험이나 질병 연구에 아주 유용해요. 예를 들어 심장병 환자에게 맞는 약을 실험할 때 동물 실험 대신 사용할 수 있죠. 윤리적으로도 더 나은 선택이에요."

기자 "그럼 인공 심장 연구는 지금 어디까지 진행되었나요?"

박교수 "지금은 주로 실험 단계에 있어요. 동물 실험에서 긍정적인 결과가 나왔고, 일부는 사람 대상의 임상 시험도 시작됐어요. 하지만 줄기세포를 대량으로 만드는 기술이나 면역 거부 반응을 완전히 해결하는 기술 등 넘어야 할 산이 아직 많아요. 그래도 연구는 매년 조금씩 진전되고 있습니다.”

기자 “이 연구가 성공하면 어떤 변화가 있을까요?”

박 교수 “성공한다면 심장병 환자들이 더 이상 심장 이식을 기다리지 않아도 될 거예요. 줄기세포로 만든 심장이나 심장 질환 치료 및 진단을 위해 개발된 여러 심장 패치로 손상된 심장을 고칠 수 있겠죠. 과학이 환자들의 삶을 이렇게 바꿀 수 있다는 걸 생각하면 정말 뿌듯합니다.”

기자 “오늘 이야기 정말 흥미로웠습니다. 학생들에게도 잘 전달하겠습니다. 감사합니다!”

박 교수 “감사합니다. 학생들도 과학의 재미와 가능성을 느꼈으면 좋겠습니다!”

💡 탄탄하게 개념 잡기

면역 거부 반응: 이식받은 심장을 몸이 낯선 물질로 인식해 공격하는 현상이에요. 환자 몸이 새 심장을 적으로 착각해 문제가 생기므로, 이를 예방하기 위해 면역 억제제를 사용하거나 환자 본인의 세포로 심장을 재생하려

는 연구가 진행되고 있어요.

유도만능줄기세포(iPSC): 평범한 세포(피부, 혈액 등)를 줄기세포처럼 변신시킨 세포예요. 환자 자신의 세포로 만들어 면역 거부 반응을 줄일 수 있고, 심장 근육 세포로 변환해 심장병 치료나 연구에 사용할 수 있어요.

심장 오가노이드: 줄기세포로 만든 작은 장기 모형으로, 심장의 구조와 기능을 흉내 낼 수 있어요. 동물 실험 없이 약물 실험이나 질병 연구를 돕고, 윤리적 문제를 줄이는 데 유용해요.

💬 중요 포인트 연결하기

다음 문제를 읽고, 심장 이식 및 줄기세포 연구와 관련하여 옳은 것은 O, 옳지 않은 것은 X로 표시해 봅시다.

1 이식받은 심장은 몸을 낯선 물질로 인식해 공격하기도 한다. (O, X)

2 심장 오가노이드는 일반적인 사람의 심장보다 훨씬 크다. (O, X)

3 유도만능줄기세포(iPSC)는 환자 자신의 세포로 만들어 면역 거부 반응을 줄일 수 있다. (O, X)

정답: 1: O, 2: X, 3: O

🎵 글쓰기에 필요한 어휘 다지기

우리 몸에서 심장은 정말 중요하죠. 회색 부분을 따라 적으며 심장이 어떤 역할을 하고 어떻게 작용하는지 알아볼까요?

심장	心 마음 심	臟 내장 장

· 과학에서 심장은 어떻게 사용될까?

심장은 우리 몸에서 피를 순환시키는 펌프 역할을 해요. 과학자들은 줄기세포를 이용해 심장을 고치거나 만드는 연구를 하며, 심장병 환자들을 돕는 새로운 방법을 개발하고 있어요.

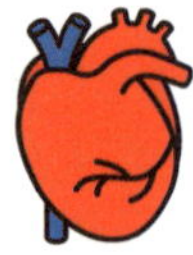

· 일상에서 심장을 어떻게 사용할까?

1. 운동을 하면 심장이 빠르게 뛰면서 온몸에 산소와 영양분을 전달해요. 우리가 활동할 수 있는 건 심장이 끊임없이 일하기 때문이에요.

2. 기증받은 심장이 환자의 몸에 맞게 잘 작동하면, 마치 고장 난 펌프를 교체한 것처럼 몸이 다시 활기를 찾게 돼요.

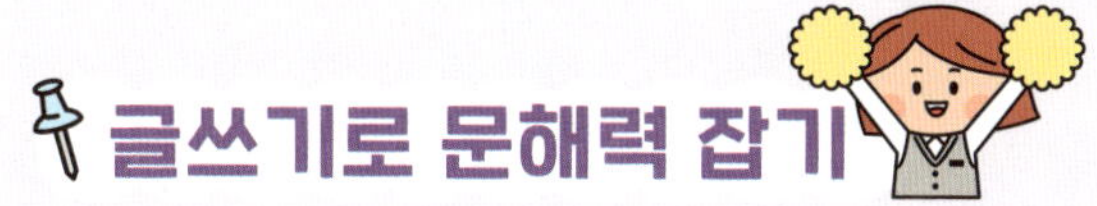

글쓰기로 문해력 잡기

  줄기세포로 심장을 만드는 연구에 대해 자세히 설명해 주신 박 교수님께 편지를 써 볼까요? 감사 인사, 인상 깊었던 내용, 궁금한 점 등을 글에 담아 정리해 봅시다.

글쓰기를 돕는 힌트

☑ 박 교수님의 설명 중 가장 인상 깊었던 내용을 떠올릴 수 있나요?

☑ 줄기세포나 심장 연구에 대해 더 알고 싶은 점이 있나요?

☑ 자신의 생각이나 감정을 편지 형식으로 자연스럽게 표현해 보세요.

Q1 박 교수님께 전하고 싶은 인사나 응원의 말을 먼저 써 봅시다.

나의 문장: ____

____

____

Q2 본문을 읽고 인상 깊었던 내용을 소개해 주세요. 왜 기억에 남았나요?

나의 문장: ____

____

____

Q3 줄기세포나 심장 연구에 대해 박 교수님께 꼭 물어보고 싶은 질문을 두 가지 이상 써 보세요.

나의 문장:

하품은 왜 나도 모르게 나오고, 친구가 하면 왜 따라 하게 될까?

_ 중3 과학

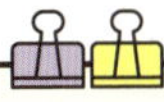

스토리로 생각 열기

수업이 한창 진행되는 오후 시간. 창밖으로는 따사로운 햇살이 비치고, 교실 안은 나른하기만 합니다. 선생님의 목소리가 멀리서 울리는 것처럼 들리고, 친구들의 눈꺼풀도 하나둘씩 무거워져요. 그러던 순간, 맨 앞줄에 앉은 친구가 크게 입을 벌리며 "하아아암—" 하고 하품해요. 이상하게도 그 하품 소리가 전염이라도 된 듯, 옆자리 친구가 따라 하품하고, 나도 모르게 입이 벌어지죠.

많은 사람들이 하품을 '졸음의 신호'라고만 생각해요. 하지만 최근 연구들은 하품의 또 다른 놀라운 기능을 밝혀냈어요. 그것은 바로 뇌 온도를 식혀 주는 일입니다. 뇌는 우리가 생각하는 것보다 훨씬 많은 에너지를 쓰는 기관이에요. 몸 전체 무게의 2%밖에 안 되지만, 하루에 사용하는 에너지는 전체의 20%나 됩니다. 이 에너지를 쓰면서 뇌는 열을 발생시키는데, 과도하게 열이 쌓이면 신경 세포의 효율이 떨어지고 집중력도 흐려져요. 쉽게 말해, 과열된 컴퓨터가 느려지듯 과열된 뇌도 제 기능을 잃는 것이죠.

하품은 바로 이때 작동하는 '자연의 냉각 장치'예요. 입을 크게 벌리며 깊은숨을 들이마시면 찬 공기가 들어와 뇌 근처의 혈액 온도를 낮춥니다. 하품 후 머리가 맑아지는 느낌이 드는 이유도 여기에 있어요. 그러니 하품은 단순히 졸음의 신호가 아니라, 뇌가 스스로를 보호하기 위해 작동시키는 똑똑한 생존 메커니즘인 셈이에요.

하지만 아직 풀리지 않은 의문이 하나 남아 있어요. 왜 친구의 하품은 나에게도 전염될까요? 이 현상을 설명해 주는 열쇠가 바로 **거울 뉴런**(Mirror Neuron)이에요. 거울 뉴런은 1990년대 이탈리아 파르마 대학교의 과학자 지아코모 리졸라티 교수 연구팀이 우연히 발견했어요. 원숭이의 뇌 활동을 관찰하던 중, 원숭이가 땅콩을 집어 먹을 때뿐 아니라, 다른 원숭이가 땅콩을 집는 것을 보기만 해도 같은 뉴런이 활성화되는 것을 발견한 겁니다. 마치 다른 존재의 행동을 '거울처럼' 비추듯 뇌가 반응한 것이죠. 이후 인간에게도 거울 뉴런이 존재한다는 사실이 밝혀졌어요. 이는 우리 뇌가 다른 사람의 행동을 '내 것처럼' 느끼고 이해하는 데 핵심 역할을 한다는 것을 보여 줘요. 하품은 바로 이 거울 뉴런의 작동 덕분에 전염되는 거예요. 친구가 하품하는 장면을 보자마자, 내 뇌 속 거울 뉴런이 "나도 같은 행동을 해 볼까?" 하고 신호를 보내는 거죠.

　　　　　　　　　　　　　　Chapter 3. 생명과학

땅콩을 직접 들었을 때

누군가 땅콩을 집는 것을 보았을 때

거울 뉴런은 단순히 행동을 따라 하게 만드는 것에서 그치지 않아요. 타인의 감정을 느끼고 **공감**하는 능력과도 깊이 연결되어 있습니다. 누군가 아프게 다친 모습을 보면 내 몸도 움찔하는 것, 친구가 슬퍼하면 나도 가슴이 먹먹해지는 것… 이 모든 것은 거울 뉴런이 타인의 감정을 나의 것처럼 '시뮬레이션'하기 때문에 가능한 일이에요. 과학자들은 이러한 발견 덕분에 공감의 **뇌과학**적 근거를 더 명확히 이해할 수 있게 되었어요. 거울 뉴런 연구는 신경과학과 심리학을 넘나들며 큰 주목을 받았고, 여러 연구가 노벨상과 같은 권위 있는 상으로 이어졌지요. 하품이라는 아주 사소한 행동 속에도 인류가 서로를 이해하고 연결되는 비밀이 숨어 있음을 보여 줍니다.

하품은 지루함의 상징이 아니라, 뇌가 과열되지 않도록 스스로를 보호하고, 또 우리를 서로 공감하게 만드는 거울 뉴런의 신호입니다. 다음번에 친구 따라 하품하고 싶어질 때 "지금 내 뇌 속 거울 뉴런이 열심히 일하고 있구나!" 하고 생각해 보세요.

뉴런: 뇌와 신경계를 이루는 기본 단위로, 전기 신호를 통해 정보를 전달하는 세포예요. 수천억 개의 뉴런이 서로 연결되어 우리가 생각하고, 느끼고, 행동할 수 있도록 한답니다. 뉴런은 중심부인 '세포체', 정보를 받아들이는 '가지돌기', 정보를 전달하는 '축삭', 그리고 다음 세포로 신호를 넘기는 '시냅스'로 이루어져 있어요.

거울 뉴런: 다른 사람의 행동을 볼 때, 마치 내가 그 행동을 하는 것처럼 활성화되는 특별한 뉴런이에요. 1990년대 이탈리아 파르마 대학교의 리졸라티 교수 연구팀이 원숭이 실험 중 발견했어요. 이 뉴런 덕분에 우리는 다른 사람의 행동을 쉽게 모방하거나 이해할 수 있어요. 하품의 전염 현상도 이 거울 뉴런이 담당해요.

공감: 타인의 감정이나 상황을 마치 자신의 것처럼 느끼고 이해하는 능력이에요. 거울 뉴런은 타인의 감정을 '뇌 속에서 시뮬레이션'함으로써 공감 능력을 가능하게 해요. 친구가 울면 나도 마음이 아프고, 누군가 기뻐하면 덩달아 웃게 되는 것은 거울 뉴런이 감정을 연결하는 다리 역할을 하기 때문이에요.

뇌과학: 뇌의 구조와 기능, 그리고 뇌가 인간의 생각·감정·행동을 어떻게 만들어 내는지 연구하는 학문이에요. 하품의 뇌 냉각 기능, 거울 뉴런의 발견, 공감 능력의 신경학적 근거 등도 모두 뇌과학의 성과예요. 이러한 연구는 인간의 행동과 사회적 관계를 더 깊이 이해하도록 도와주며, 노벨상 수상으로 이어질 만큼 중요한 학문으로 발전하고 있어요.

차근차근 토대 쌓기

중요 포인트 연결하기

다음 문제를 읽고, 하품과 뇌 과학에 대한 사실 중 옳은 것은 O, 옳지 않은 것은 X로 표시해 봅시다.

1 하품을 하면 찬 공기가 들어와 뇌의 혈액을 식혀 뇌 온도를 낮출 수 있다. (O, X)

2 거울 뉴런은 행동 모방만 담당하며, 타인의 감정을 이해하는 데는 아무 관련이 없다. (O, X)

3 친구의 하품이 나에게 전염되는 것은 거울 뉴런이 다른 사람의 행동을 따라 하도록 신호를 보내기 때문이다. (O, X)

정답: **1:** O, **2:** X, **3:** O

글쓰기에 필요한 어휘 다지기

우리 몸에서 뇌는 정말 중요하죠. 회색 부분을 따라 적으며, 뇌가 어떤 역할을 하고 어떻게 작용하는지 알아볼까요?

뇌 腦 골 뇌

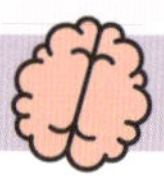

· 과학에서 뇌는 어떻게 사용될까?

뇌는 우리 몸의 지휘 본부로, 생각하고 기억하며 감정을 느끼게 해요. 또 근육을 움직이게 하거나 심장 박동, 호흡 같은 기본 생명 활동도 조절하죠. 과학자들은 뇌 속 뉴런의 연결 방식을 연구해 치매나 파킨슨병 같은 뇌 질환 치료법을 찾고, 인공지능(AI) 개발에도 뇌의 원리를 활용하고 있어요.

· 일상에서 뇌를 어떻게 사용할까?

1. 우리가 공부할 때, 운동할 때, 심지어 꿈을 꿀 때도 뇌는 쉴 새 없이 신호를 주고받아요. 친구와 대화할 때 기쁨을 느끼거나, 시험 문제를 풀 때 집중하는 것도 모두 뇌가 열심히 일하기 때문이에요.

2. 건강한 뇌는 우리의 하루를 활기차게 만들고, 새로운 것을 배우고 느끼도록 도와줘요. 그래서 충분한 수면, 균형 잡힌 식사, 뇌를 쓰는 활동이 아주 중요해요.

Chapter 3. 생명과학

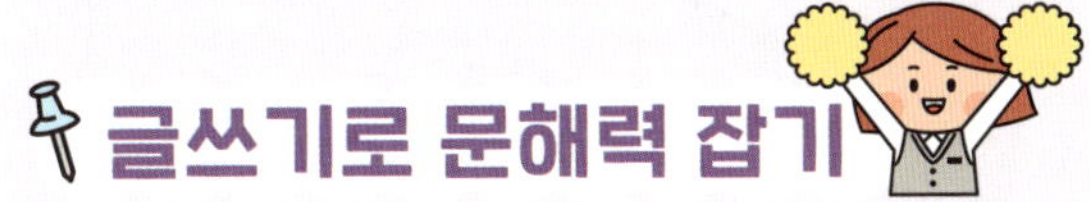 글쓰기로 문해력 잡기

거울 뉴런과 하품의 관계에 대한 에세이를 써 볼까요? 친구를 따라 하품한 경험이 있거나 친구의 감정에 공감해 본 적이 있는지 떠올려 보고, 당시의 경험을 녹여 글을 써 봅시다.

글쓰기를 돕는 힌트

☑ 하품의 과학적 원리 중 가장 흥미로웠던 부분은 무엇인가요?

☑ 거울 뉴런이 공감 능력과 연결된다는 점에서 어떤 생각이 들었나요?

☑ 나의 경험(친구와의 관계, 공감했던 순간 등)을 글에 자연스럽게 녹여 냈나요?

Q1 내가 친구의 감정을 그대로 느꼈던 순간은 언제였나요?

나의 문장: ______________________________________

____

____

Q2 이 경험을 거울 뉴런의 역할과 어떻게 연결할 수 있을까요?

나의 문장: ______________________________________

____

____

Q3 이 사실을 알게 된 후, 공감 능력이나 인간관계에 대해 새롭게 생각하게 된 점은 무엇인가요?

나의 문장:

우유를 마셔도 괜찮은 사람들은 뭐가 다를까?

_ 중3 과학

📌 스토리로 생각 열기

여러분, 매운 음식을 먹으면 어떤가요? 어떤 친구는 땀을 뻘뻘 흘리면서도 맛있게 먹고, 또 다른 친구는 조금만 먹어도 너무 매워서 물을 벌컥벌컥 마시죠. 놀이기구를 탈 때도 비슷해요. 어떤 사람은 신나게 즐기지만, 어떤 사람은 어지러움 때문에 고생하기도 하죠.

이처럼 사람마다 음식이나 환경에 반응하는 방식이 다르다는 건 정말 흥미롭습니다. 사실 우유를 마셨을 때도 비슷한 일이 벌어져요. 어떤 사람은 우유를 마셔도 아무렇지 않지만, 어떤 사람은 배가 아프거나 설사를 하기도 하죠. 왜 이런 차이가 생길까요? 그 이유는 우리 몸속 **효소**의 작용 때문이에요.

우유를 마시고 배가 아프거나 속이 불편한 현상을 **유당 불내증**

이라고 해요. 유당 불내증은 우리 몸에서 락타아제라는 효소가 부족해서 생겨요. 우유에는 유당(lactose)이라는 당분이 들어 있는데, 락타아제는 이 유당을 잘게 분해해 우리 몸이 소화하고 에너지로 사용할 수 있도록 도와주는 효소예요.

하지만 락타아제가 부족하거나 없으면 유당이 분해되지 않고 소장을 지나 대장으로 넘어가요. 대장에서는 유당이 발효되면서 가스가 차거나 설사를 유발하죠. 그래서 우유를 마시기가 힘들어지는 거예요.

반대로 우유를 아무 문제없이 마시는 사람들도 있어요. 이 사람들에게는 락타아제를 계속 만들어 내는 능력이 있기 때문이에요. 이를 **유당 내성**이라고 해요. 대부분의 사람은 아기 때 락타아제를 잘 만들어 내지만, 나이가 들면서 락타아제를 덜 만들어 유당 불내증을 겪게 돼요. 하지만 유당 내성을 가진 사람들은 락타아제를 만드는 유전자에 특별한 돌연변이가 생겨 어른이 되어서도 락타아제를 계속 만들어 낼 수 있어요. 그래서 유당을 잘 소화할 수 있는 것이죠.

유당 내성을 가진 사람은 전 세계 인구의 약 3분의 1 정도예요. 하지만 지역마다 차이가 커요. 북유럽 지역 사람들 중에는 유당 내성을 가진 비율이 90% 이상인 반면, 아시아나 아프리카 지역 사람들 중에는 유당 내성이 적은 경우가 많아요.

이 차이는 단순한 우연이 아니라, 우리의 조상이 살던 환경과 깊은 관련이 있어요. 수천 년 전, 인간이 농업과 목축업을 시작하면서 우유를 마시기 시작했는데요. 유당을 잘 소화하지 못하는 사람들은 우유를 마시고 배탈이 나거나 설사를 했어요. 반대로 락타아제를 계속 만들어 유당을 소화할 수 있는 사람들은 우유를 통해 더 많은 에너지를 얻고 건강하게 살 수 있었죠.

특히 유럽에서는 낙농업이 발달하면서 우유를 자주 먹는 문화가 형성되었어요. 기근이나 전염병 같은 위기 상황에서 우유는 중요한 영양 공급원이 되었기 때문에, 유당을 소화할 수 있는 사람들이 생존에 더 유리했어요. 이러한 유전적 특징이 후손에게 전달되면서 유럽 지역에 유당 내성을 가진 인구가 점점 늘어나게 된 거예요.

결국 우유를 소화할 수 있는지는 락타아제 효소와 유전자에 달려 있어요. 중요한 것은, 우유를 마실 수 있는 사람이 더 나은 것도 아니고, 특별한 것도 아니라는 점이에요. 단지 몸이 다르게 작용할 뿐이랍니다.

우리 모두는 조금씩 다른 몸을 가지고 있어요. 이 다양성 덕분에 우리는 다양한 환경에 적응하며 살아갈 수 있죠. 우유를 마시지 못해도 걱정하지 마세요. 다른 음식으로 충분히 필요한 영양소를 얻을 수 있으니까요!

💡 탄탄하게 개념 잡기

효소: 우리 몸에서 화학 반응을 돕는 단백질이에요. 예를 들어, 락타아제라는 효소는 우유 속 유당을 잘게 분해해 우리 몸이 소화하고 에너지로 쓸

수 있게 도와줘요.

유당 내성: 유전적 돌연변이 덕분에 어른이 되어서도 몸이 락타아제를 계속 만들어 유당을 소화할 수 있는 능력을 말해요. 유당 내성이 있는 사람들은 우유를 마셔도 설사를 하는 등의 문제가 없어요.

차근차근 토대 쌓기

중요 포인트 연결하기

다음 문제를 읽고, 우유를 마셨을 때 우리 몸에서 생기는 변화로 옳은 것은 O, 옳지 않은 것은 X로 표시해 봅시다.

1 유당 내성이란 락타아제를 계속 만들어 유당을 소화할 수 있는 능력을 말한다. (O, X)

2 유럽에서는 낙농업이 발달했지만 유당 내성을 가진 사람은 아직도 부족하다. (O, X)

3 유당 불내증은 우리 몸에서 락타아제가 부족하거나 없을 때 생기는 증상이다. (O, X)

정답: 1: O, 2: X, 3: O

글쓰기에 필요한 어휘 다지기

우유를 마신 후에도 아무렇지 않은 사람이 있는 이유는 무엇일까요? 바로 유당 내성 덕분이에요. 회색 부분을 따라 적으며, 내성이 무엇인지와 어떻게 작용하는지 알아볼까요?

내성 耐 〔견딜 내〕 性 〔특징 성〕

· 과학에서 내성은 어떻게 사용될까?

유당 **내성**은 몸이 유당을 잘 소화할 수 있는 능력을 말해요. 과학자들은 이런 특징을 활용해 사람별 맞춤 식단을 짜거나 유제품 대체 음식을 만드는 데 활용해요.

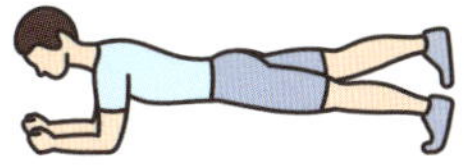

· 일상에서 내성을 어떻게 사용할까?

1. 어떤 사람은 매운 음식을 자주 먹으면서 매운맛에 익숙해지고, 어떤 사람은 여전히 힘들어해요. 매운맛에 적응하는 것도 **내성**의 한 예랍니다.

2. 유당 **내성**이 있으면 우유를 마셔도 배가 아프지 않아요. 유당 불내증이 있다면 우유 대신 다른 음식을 선택하면 돼요.

글쓰기로 문해력 잡기

"배 안 아픈 우유가 있다면?" 유당을 잘 소화하지 못하는 사람들도 안심하고 마실 수 있도록 도와주는 특별한 제품을 만들었어요! 이제 여러분이 이 우유를 광고하는 광고 기획자라고 생각해 보세요. 다양한 사람들에게 이 우유의 장점을 알려 주기 위한 광고 문구와 설명 글을 직접 써 봅시다.

글쓰기를 돕는 힌트

☑ 유당 불내증이 무엇인지 정확히 알고 있나요?

☑ 광고 문구에 사람들의 관심을 끌 만한 짧은 문장을 넣었나요?

☑ 제품을 선택하고 싶은 설득력 있는 이유가 담겨 있나요?

Q1 사람들이 딱! 보고 기억할 수 있도록 짧고 재미있게 우유 이름을 지어 볼까요? 그리고 그렇게 지은 이유도 설명해 볼까요?

나의 문장:

Q2 이 우유는 어떤 점이 좋은가요?

나의 문장:

Q3 이 우유를 왜 마셔야 하나요?

나의 문장: ____

____

____

____

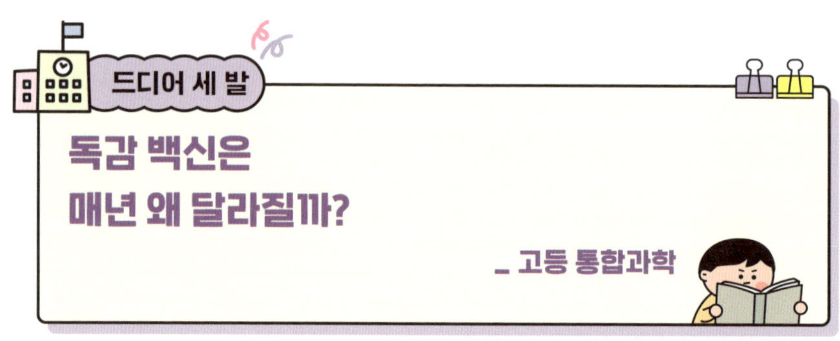

스토리로 생각 열기

"이번 겨울, 독감 예방접종을 꼭 맞으세요!"라는 문자를 받아 본 적 있나요? 매년 독감 백신을 맞으라는 얘기를 듣다 보면 이런 생각이 들 수 있어요.

'왜 독감 백신은 매년 맞아야 하지? 한 번만 맞으면 안 될까?'

사실, 모든 백신이 매년 필요한 건 아닙니다. 예를 들어, **황열병** 백신은 한 번 맞으면 평생 면역이 가능합니다. 황열병은 열대 지역에서 발생하는 심각한 질병이지만, 예방접종만 하면 거의 완벽하게 예방할 수 있죠. 또 다른 예로 **백일해** 백신이 있습니다. 백일해는 어린아이들에게 치명적인 기침 발작을 일으키지만, 정기적인 접종 덕분에 한국에서는 발병률이 크게 줄었습니다. 이런 백신들은 몇 년에 한 번, 또는 평생 한두 번만 맞아도 효과가 오래갑니다. 그런데 왜 독감 백신은 매년 맞아야 할까요? 이 질문에 답하려면 **바이러스**와 **백신**에 대해 알아야 합니다.

바이러스는 생명체와 비생명체의 중간쯤 되는 존재입니다. 바이러스는 스스로 살아갈 수 없고, 다른 생명체의 세포를 이용해 증식합니다. 마치 우리 몸의 시스템을 교란시키는 해커와 같아요.

이런 바이러스를 막아 주는 것이 바로 백신입니다. 백신은 약화된 바이러스나 그 일부를 우리 몸에 주입해 면역 시스템이 바이러스를 학습하도록 돕습니다. 백신을 맞으면 몸이 실제 바이러스가 들어왔을 때 빠르게 대응할 준비를 하게 되죠. 문제집을 풀며 시험 문제 유형을 익히는 것과 비슷합니다.

그런데 독감 바이러스는 특히 복잡합니다. 이는 독감 바이러스가 RNA 바이러스이기 때문인데요. DNA가 우리 몸의 설계도라면 RNA는 그 설계도를 옮겨 단백질을 만드는 데 도움을 주는 역할을 합니다. 하지만 RNA는 단일 가닥 구조라서 DNA보다 불안정하고, 손상되었을 때 정확하게 고치는 장치가 거의 없습니다. 그래서 변이가 쉽게 생기죠.

독감 바이러스가 변하는 이유에는 두 가지가 있습니다. 첫 번째는 항원 변이예요. 표면 단백질이 조금씩 변하면서 매년 새로운 **변종**이 생기는 현상입니다. 그래서 매년 맞는 독감 백신이 조금씩 달라지죠. 두 번째는 항원 전이인데, 아주 드물지만 다른 바이러스와 섞여 전혀 새로운 바이러스가 생기는 현상입니다. 큰 유행을 일으키는 신종 독감은 보통 이 항원 전이 때문에 나타납니다. 이런 변화를 따라잡기 위해 과학자들은 전 세계에서 독감 바이러스를 수집하고, 세계보건기구(WHO)의 예측을 바탕으로 유행할 가능성이 높은 변종에 맞춰 매년 새로운 백신을 설계합니다.

여기서 집단 면역의 중요성도 드러납니다. 집단 면역은 일정 비율 이상의 사람들이 면역을 가지면 바이러스가 쉽게 퍼지지 못하는 상태를 말합니다. 예를 들어, 홍역은 백신 접종률이 높아 발병률이 크게 줄었지만, 일부 지역에서는 접종률이 낮아 다시 유행한 적이 있습니다. 한국에서도 코로나19 백신 접종 덕분에 대규모 감염을 막았던 사례가 있죠.

독감 백신은 완벽하지 않을 수도 있지만, 우리 몸에 기본적인 방어막 역할을 합니다. 예상했던 변종과 실제 유행한 변종이 다르더라도, 백신을 맞아 둔 사람은 그렇지 않은 사람보다 훨씬 나은 면역력을 가질 수 있습니다. 시험에서 어떤 문제가 나올지 모를 때 다양한 유형의 문제를 준비하는 것과 같죠. 독감 바이러스의 모든 변화를 예측할 수는 없지만, 백신을 통해 미리 대비할 수 있습니다.

이번 겨울, 독감 예방접종을 꼭 챙기세요. 예방접종은 나 자신뿐 아니라 주변의 면역력이 약한 사람들에게도 큰 힘이 됩니다. 우리 모두 더 건강하고 안전한 겨울을 보낼 수 있을 거예요.

💡 탄탄하게 개념 잡기

황열병: 열대 지역에서 발생하는 심각한 질병으로, 황열병 백신을 한 번 맞으면 평생 면역이 가능해요. 백신을 통해 거의 완벽하게 예방할 수 있어요.

 Chapter 3. 생명과학

백일해: 어린아이들에게 심한 기침 발작을 일으키는 질병이에요. 정기적인 백신 접종 덕분에 발병률이 크게 줄었고, 예방이 가능해요.

바이러스: 스스로 살아갈 수 없고, 생명체의 세포를 이용해 증식하는 존재예요. 바이러스 중에서도 독감 바이러스는 특히 더 복잡해요. 변이가 쉽게 발생해 매년 새로운 변종이 나타날 수 있어요.

변종: 바이러스 변종은 유전 정보의 변화로 생긴 새로운 형태로, 독감 바이러스처럼 매년 변종이 생기면 백신을 새로 만들어 대비해야 해요. 변종 때문에 집단 면역이 더욱 중요해져요.

차근차근 토대 쌓기

중요 포인트 연결하기

다음 문제를 읽고, 백신을 맞았을 때 우리 몸에서 생기는 변화로 옳은 것은 O, 옳지 않은 것은 X로 표시해 봅시다.

1 독감 바이러스는 매년 새로운 변종이 나타난다. (O, X)

2 독감뿐만 아니라 모든 백신은 한 번만 맞으면 예방 효과가 유지된다. (O, X)

3 독감 백신은 과학자들이 유행할 가능성이 높은 변종을 예측해서 만든다. (O, X)

정답: **1**: O, **2**: X, **3**: O

글쓰기에 필요한 어휘 다지기

우리 몸이 세균과 바이러스로부터 스스로를 지킬 수 있는 이유는 무엇일까요? 바로 면역 덕분이에요. 회색 부분을 따라 적으며, 면역이 무엇인지와 어떻게 작용하는지 알아볼까요?

면역 免 벗어날 면 疫 전염병 역

· 과학에서 면역은 어떻게 사용될까?

면역은 우리 몸이 바이러스와 싸우는 방어 시스템이에요. 예방접종은 면역 시스템이 바이러스를 미리 학습하도록 돕는 도구입니다.

· 일상에서 면역을 어떻게 사용할까?

1. 독감 예방접종을 맞으면 몸이 바이러스를 기억해 더 빠르게 대처할 수 있어요. 예방접종은 면역력을 높여 나와 주변 사람들을 보호하는 중요한 방법이에요.

2. 충분히 자고 균형 잡힌 식사를 하면 면역력이 강해져 바이러스에 쉽게 지지 않아요. 평소 건강한 생활 습관도 강한 면역을 유지하는 데 큰 도움이 돼요.

📌 글쓰기로 문해력 잡기

독감 바이러스는 해마다 달라져요. 그래서 우리는 매년 새로운 백신을 맞아야 해요. 과학자들이 열심히 연구해서 만드는 백신 덕분에 우리는 더 건강한 겨울을 보낼 수 있답니다. 이제 여러분이 독감 백신을 광고하는 기획자가 되었다고 생각해 보세요. 사람들이 독감 백신의 중요성을 잘 알 수 있도록 광고 문구와 설명 글을 써 봅시다.

글쓰기를 돕는 힌트

- ☑ 독감 바이러스는 왜 매년 바뀌는지 알고 있나요?
- ☑ 백신이 우리 몸을 어떻게 도와주는지 설명할 수 있나요?
- ☑ 광고 문구에 사람들의 관심을 끌 만한 짧은 문장이 들어 있나요?

Q1 사람들이 딱 보고 기억할 수 있도록 짧고 재미있는 백신 광고 문구를 지어 볼까요? 그리고 그 문구를 지은 이유도 함께 설명해 볼까요?

나의 문장: ___________________________________

____

____

Q2 이 백신은 우리 몸에 어떤 도움을 주나요? 이를테면, 백신을 맞지 않았을 때는 어떤 일이 생길 수 있는지 생각해 보면 좋아요.

나의 문장: ___________________________________

____

____

Q3 이 백신을 꼭 맞아야 하는 이유는 뭘까요? 내가 맞는 백신이 다른 사람들에게도 어떤 도움이 될 수 있을까요?

나의 문장:

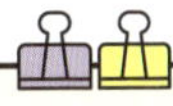

왜 태어난 지 얼마 안 된 아기는 병에 잘 안 걸릴까?

_ 고등 선택 생명과학

스토리로 생각 열기

신생아는 태어난 지 얼마 안 되었기 때문에 병에 쉽게 걸릴 것 같다는 생각이 들 때가 많습니다. 작고 연약해 보이는 몸으로 세균과 바이러스로 가득한 세상에 나왔으니, 더 취약해 보이기도 하죠. 하지만 놀랍게도 신생아는 생각보다 병에 잘 걸리지 않습니다. 실제로 세계보건기구(WHO)에 따르면, 신생아는 출생 후 처음 몇 달 동안 성인보다 특정 질병에 덜 걸린다고 해요. 신생아에게는 과연 어떤 비밀이 숨겨져 있을까요?

아기는 엄마 뱃속에 있을 때부터 질병에 대비할 수 있도록 준비합니다. 특히 임신 말기, 출산 직전 몇 주 동안 엄마의 좋은 성분이 아기에게 전달되는데요. 이 과정의 핵심이 바로 **태반**입니다. 태반은 아기와 엄마를 연결하는 중요한 기관으로, 아기의 생명줄인 탯줄을 통해 엄마의 몸과 이어져 있습니다. 태반은 단순히 영양분과 산소를 공급하는 것뿐만 아니라, 엄마가 가진 **면역글로불린 G(IgG) 항체**를 아기에게 전달하는 역할도 합니다. 이 항체는 병원체가 아이 몸을 아프지 않게 하는 경비원 역할을 하는데요. 덕분에 아기는 태어났을 때 이미 일부 질병에 대한 방어막을 갖출 수 있습니다.

아기가 세상에 나온 후에는 모유가 또 한 번 중요한 역할을 합니다. 모유는 단순한 음식이 아니라, 세균과 바이러스가 침투하지 못하게 하는 중요한 역할을 해요. 특히, 모유에는 분비성 **면역글로불린 A(IgA)**라는 물질이 풍부하게 들어 있습니다.

IgA는 아기의 장과 점막을 보호하는 중요한 역할을 합니다. 즉 세균과 바이러스가 장과 점막을 통해 아기의 몸에 침투하지 못하도록 막아 주지요. 이 덕분에 모유를 먹는 아기들은 장염, 호흡기 감염, 중이염 같은 질병에 걸릴 가능성이 낮아집니다. 특히, 모유를 먹는 아기들은 설사와 감기에 덜 걸린다는 연구 결과도 있어요. 모유 속 IgA는 마치 아기의 몸속에 작은 보초병을 배치한 것과 같은 역할을 합니다.

게다가 신생아는 태어날 때 엄마로부터 받은 항체 덕분에 특정 질병에 대해 **수동 면역**을 가집니다. 수동 면역이란 아기가 스스로 항체를 만든 것이 아니라, 엄마의 항체를 빌려 받아 잠시 동안 병에 대처할 수 있는 능력을 말해요. 예를 들어, 신생아는 홍역, 수두, 풍진 같은 질병에 대해 약 6개월 동안 면역력을 갖습니다.

　　　　　　　　　　　　　　　Chapter 3. 생명과학

하지만 이 면역력은 시간이 지나면서 점차 약해집니다. 그렇다면, 수동 면역이 사라진 후에는 아기를 어떻게 보호해야 할까요? 바로 예방접종이 답입니다. 예방접종은 아기가 세균과 바이러스에 맞서 싸울 수 있게 스스로 항체를 만들도록 돕는 과정이에요. 예방접종을 통해 홍역이나 수두와 같은 병에 대비할 수 있고, 아기가 더 건강해질 수 있지요.

그렇다고 해서 신생아가 모든 질병에 대해 완벽한 면역력을 가지는 것은 아닙니다. 예를 들어, 감기 바이러스는 종류가 너무 많아 신생아가 모든 종류에 대해 면역력을 갖는 것은 불가능하죠. 또한, 신생아가 중증 호흡기 질환에 걸리면 작은 몸으로 이겨 내기가 어려울 수 있어요. 그래서 신생아 시기에는 부모님의 세심한 관리가 필요합니다. 예를 들면, 아픈 사람과의 접촉을 피하고, 외출 후 손을 씻는 등 작은 노력들이 아기의 건강에 큰 도움을 줄 수 있습니다. 또, 예방접종을 제때 맞추는 것도 잊지 말아야 합니다. 특히, 깨끗하고 안전한 환경을 만들어 주는 것이 중요합니다. 신생아는 작은 감염에도 큰 영향을 받을 수 있기 때문에 주변 환경을 정돈하고 위생 관리를 철저히 해야 하죠. 이는 마치 아기가 튼튼히 자랄 수 있도록 돕는 디딤돌을 놓아 주는 것과 같아요.

신생아가 병에 잘 걸리지 않는 이유는 엄마로부터 받은 면역 성분, 모유의 보호 효과, 그리고 자연이 준 특별한 선물 덕분입니다. 하지만 신생아의 면역 체계는 아직 완전하지 않기 때문에 부모님의 세심한 관리와 사랑이 필요합니다. 만약 여러분이 미래에 부모가 된다면, 언젠가 이 과정을 기억하며 사랑으로 아이를 돌보면 어떨까요?

💡 탄탄하게 개념 잡기

태반: 아기와 엄마를 연결하는 기관으로, 영양분과 산소뿐 아니라 엄마의 면역글로불린 G(IgG) 항체를 아기에게 전달해요. 덕분에 신생아는 태어날 때부터 일부 질병에 대한 방어력을 갖게 됩니다.

항체: 항체는 우리 몸의 면역 시스템이 병원체를 막기 위해 만드는 단백질이에요. IgG는 태반을 통해 아기에게 전달되어 출생 후 병원체를 막아 주고, 모유 속에 풍부하게 들어 있는 IgA는 아기의 장과 점막을 보호해요. 이 항체들은 신생아의 약한 면역 체계를 보완해 병원체로부터 아기를 지켜 주는 중요한 역할을 합니다.

수동 면역: 아기가 엄마로부터 받은 항체로 잠시 동안 병에 대처하는 능력을 말해요. 신생아는 약 6개월간 홍역, 수두 같은 질병에 대한 면역력을 가지지만, 이후 예방접종이 필요합니다.

Chapter 3. 생명과학

차근차근 토대 쌓기

중요 포인트 연결하기

다음 문제를 읽고, 신생아의 면역과 관련하여 옳은 것은 O, 옳지 않은 것은 X로 표시해 봅시다.

1 모유 속에 들어 있는 IgA는 아기의 장과 점막을 보호한다. (O, X)

2 태반은 뱃속의 아기에게 오직 영양분만 전달하는 역할을 한다. (O, X)

3 신생아는 엄마로부터 받은 항체 덕분에 태어난 후 일정 기간 동안 일부 질병에 대한 면역력을 가진다. (O, X)

정답: 1: O, 2: X, 3: O

글쓰기에 필요한 어휘 다지기

우리 몸이 병원체로부터 스스로를 보호할 수 있는 이유는 무엇일까요? 바로 항체 덕분이에요. 회색 부분을 따라 적으며, 항체가 무엇인지와 어떻게 작용하는지 알아볼까요?

항체 抗 겨룰 항　體 몸 체

· 과학에서 항체는 어떻게 사용될까?

항체는 몸속에서 세균과 바이러스 같은 병원체를 막아 주는 경비원 역할을 해요.

· 일상에서 항체를 어떻게 사용할까?

1. 신생아는 엄마로부터 받은 항체 덕분에 태어난 직후 몇 달간 질병에 덜 걸려요.

2. 예방접종을 하면 우리 몸이 항체를 만들어 병에 대처할 준비를 하게 돼요. 예방접종은 나와 주변 사람들을 지키는 가장 효과적인 방법 중 하나랍니다.

📌 글쓰기로 문해력 잡기

　태어난 지 얼마 안 된 아기는 몸이 작고 연약해 보여서 병에 잘 걸릴 것 같지만, 생각보다 병에 잘 걸리지 않는다고 해요. 그 이유는 어머니로부터 '항체'라는 특별한 보호물질을 받았기 때문이에요. 지금부터 아기가 병에 잘 걸리지 않는 이유를 설명하는 글을 써 볼까요?

글쓰기를 돕는 힌트

☑ 아기가 병에 잘 안 걸리는 이유를 알고 있나요?

☑ IgA가 아기에게 미치는 긍정적인 영향을 하는 말할 수 있나요?

Q1 태어난 지 얼마 안 된 아기가 병에 잘 안 걸리는 이유는 뭘까요? 엄마가 아기에게 어떤 걸 주었기 때문인지 생각해 볼까요?

나의 문장: ________________________

____

____

____

Q2 모유 속에 들어 있는 IgA는 아기를 어떻게 도와줄까요? IgA가 몸속에서 어떤 역할을 하는지 떠올려 볼까요?

나의 문장: ________________________

____

____

　　　　　　　　　　　　　Chapter 3. 생명과학

Q3 그럼 시간이 지나면 아기는 왜 예방접종을 꼭 받아야 할까요? 처음에 받은 보호막이 언제, 왜 약해지고, 예방접종이 왜 다시 필요한지 떠올려 볼까요?

나의 문장:

자가진단 키트는 어떻게 바이러스를 확인할까?

_ 2019학년도 수능

📌 스토리로 생각 열기

몇 년 전 코로나가 유행하던 시절, 아침마다 학교에 가기 전에 자가진단 키트를 사용했던 기억이 있을 거예요. 목이 조금만 아프거나 몸이 으슬으슬하면 부모님이 키트를 꺼내셨죠. "혹시 모르니 해 보자." 콧속에 묻어 나온 시료를 키트에 떨어뜨리고 기다리면, 선이 나타나 양성인지 음성인지 알 수 있었습니다. 병원에 가지 않아도 빠르고 간편하게 검사할 수 있어서 모두가 사용했죠.

이 검사 키트는 **LFIA(측방유동면역분석)**라는 원리를 이용해요. 이름은 어렵지만 원리는 간단해요. LFIA 키트는 가로로 긴 막대 속에 시료 패드, 결합 패드, 반응막, 흡수 패드가 순서대로 들어 있어요. 시료가 패드를 따라 이동하면서 항체와 만나 결합하고, 이 결합이 일어나면 색이 변하는 **화학 반응**이 나타납니다.

항원은 우리 몸에 들어와 면역 반응을 일으키는 바이러스, 세균, 독소 같은 '낯선 물질'을 말해요. 반대로 항체는 이 항원을 정확하게 찾아내고 붙잡는 '수색대' 같은 역할을 합니다. 항체는 아무 물질에나 달라붙지 않고, 특정 항원에만 꼭 맞게 결합해요. 마치 자물쇠에 맞는 열쇠처럼요. LFIA 키트는 바로 이 성질을 이용해 검사하고자 하는 물질이 있는지 없는지 알아내는 거예요. 예를 들어, 코로나 키트에서는 시료 속 바이러스 단백질이 항체와 결합하면 검사선이 색깔을 띱니다. 항체는 자석처럼 특정 물질에만 달라붙어 신호를 보내기 때문에, 코로나 키트가 짧은 시간 안에 결과를 알려 줄 수 있는 거지요.

LFIA 키트에는 주로 두 가지 방식이 있어요. 직접 방식과 경쟁 방식이에요. 직접 방식은 바이러스 단백질 같은 큰 물질을 잡을 때 쓰이고, 시료에 목표 물질이 있으면 선이 나타나요. 경쟁 방식은 작은 분자를 검사할 때 쓰이는데, 시료 속 물질과 키트 속 물질이 먼저 결합하려고 경쟁합니다. 시료 속 물질이 많으면 키트 속 물질이 밀려나 선이 나타나지 않아요. 의자 뺏기처럼 자리 경쟁이 벌어지는 거죠.

하지만 키트를 쓴다고 해서 항상 결과가 정확한 것은 아니었어요. 코로나 유행 당시, 분명 증상이 심했는데 키트에서 음성이 나와 학교에 갔던 친구도 있었고, 아무 증상도 없는데 양성이 나와 격리됐다가 병원 검사에서 음성이 나왔던 경우도 있었을 거예요. 이런 오류는 과학적으로 **위음성**과 **위양성**이라고 불러요. 위음성은 실제로 감염됐는데 검사에서 음성이 나오는 경우이고, 코로나 자가키트에서는 이 비율이 20~30% 정도로 꽤 높았어요. 위양성은 감염되지 않았는데 양성으로 나오는 경우로, 12% 정도의 비율로 나타났어요. 그래서 당시에는 키트 한 번으로 단정 짓지 않고, 병원에서 PCR 검사를 추가로 받는 경우가 많았죠.

코로나 검사뿐만 아니라, 임신 테스트기, 우유 속 세균 검사, 범죄 현장의 **혈흔** 분석 같은 다양한 상황에서도 이런 키트가 사용됩니다. 각각의 경우마다 키트 안에서는 항원과 항체가 정확히 반응하며, 우리가 눈으로 확인할 수 있는 색깔로 신호를 보내고 있어요. 이 작은 막대 안에서 보이지 않는 화학 반응이 벌어지고 있다는 사실, 생각해 보면 꽤 놀랍지 않나요?

💡 탄탄하게 개념 잡기

LFIA 키트: 시료 속 특정 물질(항원)의 존재 여부를 빠르게 확인할 수 있는 검사 도구예요. 가로로 긴 막대 안에 시료 패드, 결합 패드, 반응막, 흡수 패드가 들어 있으며, 시료가 패드를 따라 이동하면서 항체와 결합할 때 색이 변하는 화학 반응이 일어나요. 코로나 자가진단 키트, 임신 테스트기, 우유 속 세균 검사, 범죄 현장의 혈흔 분석 등 다양한 분야에서 사용돼요.

위양성(False Positive): 실제로는 감염되지 않았는데 검사에서 양성이 나오는 경우를 말해요. 코로나 자가진단 키트에서는 위양성 비율이 약 12% 정도였으며, 이 때문에 확진 여부를 확인하기 위해 병원에서 PCR 검

     Chapter 3. 생명과학

사를 추가로 시행하기도 했어요.

위음성(False Negative): 실제로 감염되었는데 검사에서 음성이 나오는 경우예요. 코로나 자가진단 키트에서는 위음성 비율이 20~30% 정도로 높았기 때문에, 증상이 심한 경우 키트 결과만 믿지 않고 추가 검사를 받는 것이 중요했습니다.

혈흔: 범죄 현장 등에서 발견되는 혈액 자국으로, LFIA 키트를 사용해 혈액 속 특정 성분을 분석할 수 있어요. 이때도 항원과 항체의 특이적 결합을 이용해 색 변화로 결과를 확인할 수 있답니다.

화학 반응: 물질이 다른 물질로 변하면서 에너지 변화나 색 변화 등이 나타나는 과정이에요. LFIA 키트에서는 항체가 특정 항원과 결합할 때 색이 변하는 반응이 일어나며, 이를 통해 검사 결과를 눈으로 확인할 수 있어요.

차근차근 토대 쌓기

중요 포인트 연결하기

다음 문제를 읽고, LFIA 키트의 검사 원리에 대한 내용 중 옳은 것은 O, 옳지 않은 것은 X로 표시해 봅시다.

1 LFIA 키트는 시료 속 항원이 항체와 결합할 때 색이 변하는 화학 반응을 이용한다. (O, X)

2 코로나 자가진단 키트에서 위음성은 실제로 감염되지 않았는데 검사에서 양성이 나오는 경우를 말한다. (O, X)

3 임신 테스트기와 혈흔 분석에서도 LFIA 키트의 원리가 사용된다. (O, X)

정답: 1: O, 2: X, 3: O

글쓰기에 필요한 어휘 다지기

병원 검사에서 나타나는 결과 중 하나가 '양성'이에요. 회색 부분을 따라 적으며, 양성이 무엇인지와 어떤 상황에서 사용되는지 알아볼까요?

양성 陽 햇빛 양　性 특징 성

· 과학에서 양성은 어떻게 사용될까?

양성은 검사에서 특정 물질(예: 바이러스 단백질)이 존재한다는 신호가 나올 때 사용되는 말이에요. 코로나 자가진단 키트에서 검사선이 나타나면 **양성**으로 판정되어 감염 가능성을 알 수 있습니다.

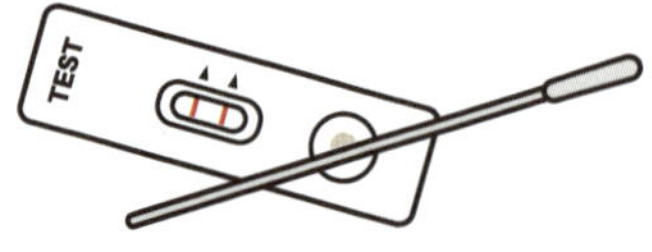

· 일상에서 양성을 어떻게 사용할까?

1. **양성** 판정이 나오면 병원에서 추가 검사를 받아 확진 여부를 확인해요.

2. 임신 테스트기에서 선이 나타나는 것도 **양성**으로, 임신 가능성을 알려 줍니다.

　　　　Chapter 3. 생명과학

📌 글쓰기로 문해력 잡기

코로나 자가진단 키트는 항원과 항체가 만나 일으키는 특별한 화학 반응을 이용해요. 항원은 우리 몸에 들어오는 낯선 침입자이고, 항체는 이 침입자를 찾아내어 막는 수색대 같은 존재랍니다. 여러분이 이 글을 읽고 잘 이해했다면, 항원과 항체를 비유적으로 표현하는 글을 써 볼까요?

글쓰기를 돕는 힌트

☑ 항원이 우리 몸에서 어떤 역할을 하는지 알고 있나요?

☑ 항체가 항원을 어떻게 찾아내고 막는지 설명할 수 있나요?

☑ 항원과 항체의 관계를 비유적으로 표현해 보았나요?

Q1 항원은 우리 몸속에서 어떤 존재일까요? 비유적으로 표현해 봅시다.

나의 문장: ______________________________

____

____

Q2 항체는 항원을 어떻게 찾아내고 막을까요? 비유적으로 표현해 봅시다.

나의 문장: ______________________________

____

____

Q3 항원과 항체가 만나면 어떤 일이 벌어질까요? 두 존재의 만남을 비유
적으로 표현해 볼까요?

나의 문장:

장기 이식을 하면 바이러스도 같이 옮겨질까?

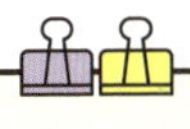

_ 2020학년도 수능

스토리로 생각 열기

드라마에서 심장 이식 수술 장면을 본 적 있나요? 위급한 상황에서 기적처럼 새 장기를 이식받아 다시 살아나는 모습은 감동적이지만, 실제로 장기 이식은 그렇게 단순하지 않아요. 이식이 필요한 순간에도 아무 장기나 바로 사용할 수 없는 이유가 있습니다.

우리 몸은 낯선 물질이 들어오면 스스로를 지키기 위해 강력한 면역 반응을 일으켜요. 이 반응은 세균이나 바이러스뿐만 아니라 다른 사람의 장기에 대해서도 똑같이 나타나요. 여기서 중요한 역할을 하는 것이 **MHC(주요조직적합복합체)**라는 단백질이에요. MHC는 세포 표면에 붙어 있는 "이건 내 몸이야"라는 신분증 같은 역할을 해요. 그런데 이식된 장기의 MHC가 우리 것과 다르면, **면역 세포**는 이를 가짜 신분증을 가진 침입자로 보고 강하게 공격합니다.

유전적으로 거리가 멀수록 MHC의 차이가 커지고, **거부 반응**은 더
심해지죠.

거부 반응을 막기 위해 면역 억제제를 사용하기도 합니다. 이 약
은 면역 반응을 일부러 약하게 만들어 이식된 장기를 보호하지만,
부작용이 커요. 몸의 방어력이 떨어져 폐렴 같은 감염병에 쉽게 걸
리고, 장기적으로는 암 발생 위험도 높아질 수 있어요. 그래서 이식
환자들은 평생 약을 복용하면서도 많은 주의를 기울여야 해요.

이식의 또 다른 문제는 이식할 수 있는 장기 자체가 부족하다는
거예요. 이를 해결하기 위해 과학자들은 두 가지 대체 방법을 연
구하고 있어요. 첫째, 인공 장기입니다. 인공 심장 같은 전자기기
는 사람의 생명을 잠시 지탱할 수 있지만, 전력 공급과 부품 교체
가 필요하고 아직 사람 장기를 완벽하게 대신할 수는 없어요. 둘째,
이종 이식이에요. 돼지 같은 동물의 장기를 사람에게 이식하는 방
법인데, 이 경우 거부 반응은 훨씬 더 심합니다. 사람의 자연항체가
동물 세포를 강력하게 공격하면서 초급성 거부 반응이 일어나기
도 해요. 이를 막기 위해 과학자들은 유전자를 조작해 거부 반응을
줄인 **형질 전환** 미니돼지를 이용한 연구를 진행하고 있어요. 미니
돼지는 장기 크기가 사람과 비슷하고 번식이 빨라 연구에 적합합
니다.

하지만 이종 이식에는 또 다른 복병이 있어요. 바로 **내인성 레트
로바이러스**입니다. 여기서 '내인성'이란 몸속 깊은 곳에 이미 자리
잡고 있는 것을 의미해요. 내인성 레트로바이러스는 아주 오래전

에 바이러스가 정자나 난자를 감염시켜 DNA 속에 남은 흔적이에요. 이런 바이러스는 세대를 거쳐 모든 세포에 전달되지만, 대부분은 변이되어 활동하지 않아요. 그러나 특정 조건에서는 다시 바이러스처럼 변해 세포를 감염시킬 수 있어요. 미니돼지의 DNA 속에도 이런 바이러스가 숨어 있어, 이종 이식을 할 때 사람에게 전염될 위험이 있습니다. 그래서 과학자들은 미니돼지의 DNA에서 내인성 레트로바이러스 유전자를 안전하게 제거하는 기술을 개발하고 있어요.

과학자들은 이처럼 수많은 장벽을 하나씩 해결하며, 거부 반응이 없고 바이러스 위험도 없는 완벽한 **이식편**(이식되는 장기나 조직의 일부)을 만들기 위해 노력하고 있습니다. 언젠가 드라마 속 장면처럼 누구나 안전하게 장기 이식을 받을 수 있는 날이 올지도 몰라요.

💡 탄탄하게 개념 잡기

면역 세포: 우리 몸에 들어온 세균, 바이러스, 또는 다른 사람의 장기처럼 낯선 물질을 찾아내고 공격하는 방어 병사예요. 이 세포들은 적을 구별해 공격함으로써 우리 몸을 지켜 줍니다.

MHC(주요조직적합복합체): 우리 몸의 거의 모든 세포 표면에 붙어 있는 '자기 확인 장치'예요. 마치 학교 학생증처럼, 이 단백질은 면역 세포에게 "이건 내 몸이야, 공격하지 마!"라는 신호를 보냅니다. MHC에는 여러 가지 종류가 있는데, 사람마다 이 신분증의 모양이 조금씩 달라요. 이식된 장기의 MHC가 내 것과 다르면, 면역 세포는 이를 가짜 신분증을 가진 침입자로 인식해 강력하게 공격해요. 유전적으로 거리가 먼 사람의 장기는 MHC 차이가 커서 거부 반응이 더 심하게 일어나죠.

거부 반응: 다른 사람이나 동물의 장기가 우리 몸에 들어왔을 때, 면역 세포가 이를 적으로 보고 공격하면서 이식편이 손상되는 현상이에요. MHC가 다를수록 거부 반응이 강하게 나타납니다.

형질 전환: 동물이나 식물의 유전자를 조작해 새로운 성질을 갖도록 바꾸는 기술이에요. 예를 들어, 미니돼지의 유전자를 바꾸어 거부 반응을 줄이거나 바이러스 위험을 없앤 장기를 만드는 데 사용됩니다.

내인성 레트로바이러스: 오래전 동물이 바이러스에 감염되면서 DNA에 들어와 남은 흔적이에요. 지금은 조용하지만, 다른 세포에 넣으면 다시 활동할 수도 있어요. 그래서 이식 전에 조심하고 검사해야 해요.

이식편: 우리 몸속에서 다친 장기나 조직을 대신하기 위해 넣는 새로운 장기나 조직이에요. 사람의 것이거나, 특별한 동물(예: 미니돼지)의 장기를 이용할 수도 있어요.

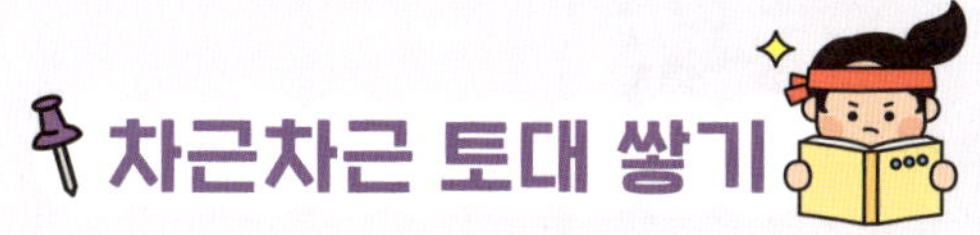

중요 포인트 연결하기

다음 문제를 읽고, 장기 이식 및 면역 반응과 관련하여 옳은 것은 O, 옳지 않은 것은 X로 표시해 봅시다.

1 장기 이식이란, 기능을 하지 못하는 내 장기를 대신해 다른 사람의 장기를 넣는 것을 말한다. (O, X)

2 이식한 장기는 언제나 몸이 잘 받아들여 거부 반응이 생기지 않는다. (O, X)

3 면역 억제제를 쓰면 다른 병에도 쉽게 걸릴 수 있으므로 주의가 필요하다. (O, X)

정답: 1: O, 2: X, 3: O

글쓰기에 필요한 어휘 다지기

우리 몸에서 제 기능을 하지 못하는 장기가 있으면 장기 이식을 받을 수도 있어요. 회색 부분을 따라 적으며, 이식이 무엇인지 알아볼까요?

이식 移 옮길 이 植 심을 식

· 과학에서 이식은 어떻게 사용될까?

몸속에서 고장 난 장기를 대신하기 위해, 다른 사람이나 동물의 장기를 옮겨 넣는 과정이에요.

예를 들어 심장이 망가졌을 때 하는 심장 이식, 신장이 아플 때 하는 신장 이식 등이 있어요.

· 일상에서 이식을 어떻게 사용할까?

1. 물에서 나무나 꽃을 다른 화분이나 땅에 옮겨 심는 것도 이식이라고 해요.

2. 머리카락이 많이 빠졌을 때, 머리카락을 다른 부위에 옮겨 심는 모발 이식도 있어요.

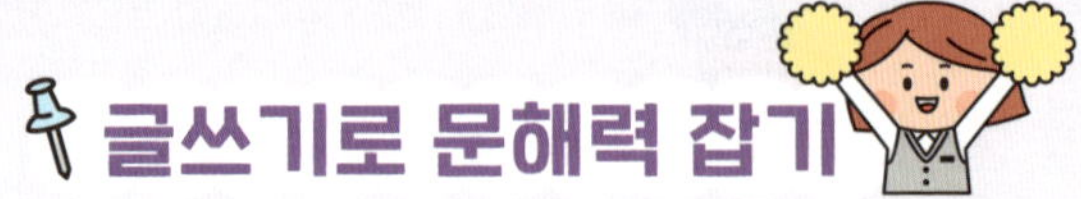

글쓰기로 문해력 잡기

장기 이식은 위급한 환자에게 새로운 생명을 줄 수 있는 중요한 치료법이에요. 하지만 이식은 단순히 장기를 바꾸는 수술이 아니라, 몸속에서 복잡한 면역 반응이 일어나는 과정과도 깊은 관련이 있어요. 장기 이식을 앞둔 환자 가족에게 장기 이식이 무엇인지, 어떤 부작용이 있는지, 알기 쉽게 설명하는 글을 써 볼까요?

글쓰기를 돕는 힌트

☑ 장기 이식이 왜 필요한지 설명했나요?

☑ 장기 이식 후 거부 반응이 왜 일어나는지 알 수 있나요?

☑ 면역 억제제의 부작용을 가족에게 쉽게 알려 주었나요?

Q1 장기 이식은 어떤 상황에서 필요하고, 환자에게 어떤 도움을 줄까요?

나의 문장: ______________________________

____

____

Q2 장기 이식 후 거부 반응은 왜 일어나며, 어떤 문제를 일으킬 수 있을까요?

나의 문장: ______________________________

____

____

Q3 면역 억제제는 어떤 약이며, 복용하지 않으면 어떤 일이 생기나요? 또, 부작용은 무엇이 있을까요?

나의 문장: ____

____

____

우주를 바라보는 지구의 시선

서울에서 뉴욕으로 여행을 갔는데 왜 시간은 뒤로 갔을까?

_ 중2 과학, 중3 과학

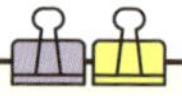

📌 스토리로 생각 열기

새벽 5시, 아버지 방에서 희미한 빛이 새어 나왔다. 방문 틈으로 아버지가 노트북 앞에서 진지한 얼굴로 무언가를 이야기하고 있는 모습이 보였다. 아들은 졸린 눈을 비비며 방으로 들어갔다.

"아빠, 또 새벽에 일어나셨어요? 무슨 일 하세요?"

아버지는 화면에서 눈을 떼며 대답했다.

"미국에 있는 거래처랑 화상 회의 중이야. 뉴욕은 지금 오후라서 이 시간에 해야 해."

아들은 의아한 표정으로 다시 물었다.

"왜 시간이 이렇게 달라요? 뉴욕이랑 우리나라랑 그렇게 멀어요?"

아버지는 고개를 끄덕이며 설명을 시작했다.

Chapter 4. 지구과학

"우리나라랑 뉴욕은 약 14시간 차이가 나. 지금이 새벽 5시니까 뉴욕은 오후 3시쯤이겠네. 이게 바로 '시차'라는 거야."

"시차요? 왜 그런 게 생기는 거예요?"

"시차는 지역마다 시간이 다르게 나타나는 걸 말해. 예를 들어, 서울이 낮 12시일 때 뉴욕은 전날 밤 10시쯤이지."

"왜 그런 일이 생겨요?"

"그건 지구가 둥글고, 하루에 한 바퀴씩 스스로 도는 **자전**을 하기 때문이야. 지구가 자전하면서 태양을 마주 보는 위치가 계속 바뀌니까 각 지역의 해 뜨고 지는 시간이 달라지는 거지."

"지구가 돌아서 그런 거군요. 그런데 구체적으로 어떻게 시간이 달라지는데요?"

아버지는 손으로 원을 그리며 설명했다.

"둥근 지구 모양의 공에 일정 간격을 두고 스티커를 2개 붙였다고 치자. 하나는 서울, 하나는 뉴욕이야. 공을 천천히 돌리면 한쪽은 태양 빛을 먼저 받고, 다른 쪽은 어둠 속에 있겠지?"

"아! 그러니까 태양 빛을 먼저 받는 쪽이 낮이고, 나중에 받는 쪽이 밤이라는 거네요!"

지구의 자전에 따른 낮과 밤.

"맞아. 그래서 지구는 하루 동안 돌면서 각 지역의 낮과 밤을 만들어 내는 거야. 시간이 다르게 느껴지는 이유도 여기에 있어."

"그런데 지구는 어느 방향으로 돌아요?"

"서쪽에서 동쪽으로 돌아. 그래서 태양이 동쪽에서 떠서 서쪽으로 지는 것처럼 보이는 거야."

"그러면 시간차는 같은 축구 경기를 다른 각도로 보는 것 같겠네요. 한쪽에서는 이미 골이 들어갔는데, 다른 쪽에서는 아직 공이 날아가는 걸 보는 느낌이에요!"

"좋은 비유야. 지구의 회전 속도가 일정해서 각 지역에서 시간차가 나는 거지."

아들은 고개를 끄덕이며 만족스러운 표정을 지었다.

"이제 왜 시차가 생기는지 알 것 같아요. 지구가 자전하면서 낮과 밤이 생기고 시간이 다르게 느껴지는 거군요!"

아버지는 흐뭇하게 바라보았다.

"맞아. 그리고 서울과 뉴욕의 시간이 14시간이나 차이 나는 이유는 **경도** 때문이야."

런던 그리니치 천문대 플램스티드 하우스 꼭대기에 설치된 붉은색 타임볼. 세계 최초의 공공 시간 신호기 중 하나로, 오늘날까지 사용되고 있다. 매일 오후 1시에 떨어진다.
CC BY 2.0 ⓒElliott Brown from Birmingham, United Kingdom.

"경도가 뭐예요?"

아버지는 설명을 이어 갔다.

"경도는 지구에 남북 방향으로 그어진 선이야. 하지만 그 숫자는 동서 방향의 위치를 나타내지. 기준선인 영국 그리니치 천문대를 경도 0도(0°)라고 하고, 이곳에서 동쪽으로 가면

Chapter 4. 지구과학

동경, 서쪽으로 가면 서경이라고 해. 쉽게 말해, 경도선은 지구에 세워진 세로 줄자 같아. 그 줄자에 적힌 숫자가 '기준에서 동쪽으로 얼마나, 서쪽으로 얼마나 떨어졌는지'를 알려 주는 거지. 서울은 동경 127도, 뉴욕은 서경 74도에 있어.

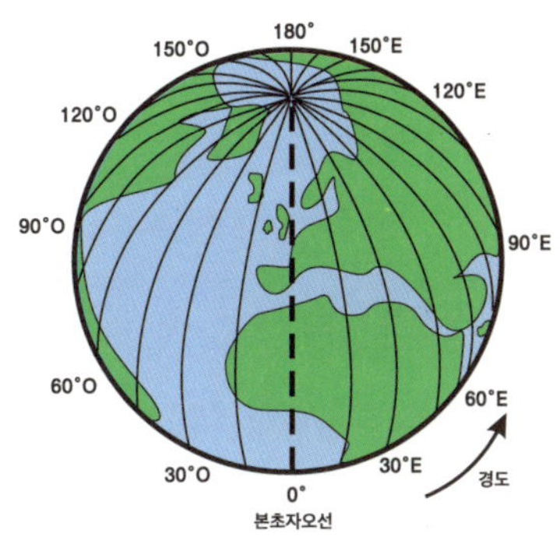

지구의 경도.
©Djexplo

경도 15도마다 1시간의 시차가 생기는데, 두 도시의 경도 차이가 크니까 시차도 큰 거야."

"와, 정말 멀리 떨어져 있네요!"

"그렇지. 이렇게 지구의 자전과 경도 때문에 시차가 생기는 거야."

"그런데 시차가 우리 생활에 그렇게 큰 영향을 미쳐요?"

"물론이지. 국제 전화나 화상 회의를 할 때 시차를 고려하지 않으면 상대방이 한밤중일 수도 있어. 또, 해외여행을 갈 때도 시차 적응이 필요하지."

"여행 갔을 때 낮에 졸리고 밤에 잠 안 오는 그거죠?"

"맞아. 그걸 '시차증'이라고 해."

아들은 밝게 웃으며 말했다.

"오늘 이야기 정말 재미있었어요! 다음에 또 다른 얘기도 들려주세요."

아버지는 흐뭇하게 미소를 지었다.

우주를 바라보는 지구의 시선

"좋아, 약속할게. 그런데 이제 다시 자야지. 내일 피곤하면 안 되잖아."

💡 탄탄하게 개념 잡기

자전: 지구가 하루에 한 바퀴씩 서쪽에서 동쪽으로 도는 현상이에요. 이 움직임 때문에 태양을 마주 보는 지역은 낮이 되고, 반대쪽은 밤이 되며 시차가 발생합니다.

경도: 경도는 지구를 동서 방향으로 나누는 가상의 선으로, 기준이 되는 **본초자오선**(경도 0도)을 중심으로 동쪽은 **동경**, 서쪽은 **서경**으로 나뉘어요. 예를 들어, 서울은 동경 127도, 뉴욕은 서경 74도에 있어 경도 차이가 크기 때문에 두 도시 사이에 약 14시간의 시차가 생깁니다.

📌 차근차근 토대 쌓기

중요 포인트 연결하기

다음 문제를 읽고, 시차 및 자전과 관련하여 옳은 것은 O, 옳지 않은 것은 X 로 표시해 봅시다.

1 시차는 지구의 자전 때문에 생기는 자연스러운 현상이다. (O, X)

2 지구는 동쪽에서 서쪽으로 자전한다. (O, X)

3 서울과 뉴욕은 경도 차이로 인해 약 14시간의 시차가 발생한다. (O, X)

정답: 1: O, 2: X, 3: O

글쓰기에 필요한 어휘 다지기

우리가 매일 낮과 밤을 경험하는 이유는 무엇일까요? 바로 지구의 자전 덕분이에요. 회색 부분을 따라 적으며, 자전이 무엇인지와 어떻게 작용하는지 알아볼까요?

자전　自 스스로 자　轉 구를 전

· 과학에서 자전은 어떻게 사용될까?

지구가 스스로 도는 자전 덕분에 낮과 밤이 생겨요.

· 일상에서 자전을 어떻게 사용할까?

1. 국제 전화나 화상 회의를 할 때 상대 지역의 낮과 밤을 신경 쓰는 건 자전 때문에 생긴 시차를 고려하는 거예요.

2. 해외여행을 갔을 때 낮과 밤이 바뀌어 생기는 시차증도 지구 자전 때문에 생기는 현상이에요.

글쓰기로 문해력 잡기

시차 때문에 불편했던 경험이 있다면 언제, 어디에서 있었던 일인지 먼저 떠올려 보고, 그때 어떤 일이 생겼는지 자세히 써 봅시다.

글쓰기를 돕는 힌트

☑ 시차 때문에 생긴 상황이나 경험을 구체적으로 써 볼까요?

☑ 그때 느낀 감정이나 기분을 자연스럽게 표현해 볼까요?

Q1 언제, 어디에서 있었던 일이었나요? 해외여행이었나요? 영상 통화였나요? 없다면 상상해 봐도 좋아요.

나의 문장:

Q2 그때 시차 때문에 어떤 일이 있었고, 어떤 기분을 느꼈나요?

나의 문장:

Chapter 4. 지구과학

Q3 그 일을 겪고 나서 어떤 생각이 들었나요? 그때 경험을 떠올리며, 앞으로는 어떻게 해야겠다고 느꼈는지 정리해 보세요.

나의 문장: ____

____

____

____

📌 스토리로 생각 열기

저녁 9시, 지호는 거실에서 가족과 함께 TV 여행 프로그램을 보고 있었다. 화면 속 연예인들은 캐나다의 설원에서 하늘을 바라보며 감탄하고 있었다. 그때였다. 화면 속 하늘에서 초록빛 물결이 춤추듯 번져 나갔다. TV 속 연예인들 모두가 "와! **오로라**다!" 하고 소리쳤다. 지호는 눈을 반짝이며 중얼거렸다.

"와, 진짜 멋지다… 근데 오로라는 왜 생기는 거지?"

지호는 옆에 앉은 엄마에게 고개를 돌리며 물었다.

"엄마, 저 빛은 왜 생기는 거예요?"

엄마는 미소 지으며 말했다.

"좋은 질문이네. 오로라는 태양에서 날아오는 아주 작은 전기 입자, **태양풍**이 지구에 도착하면서 생기는 현상이야."

                    Chapter 4. 지구과학

"태양풍이 지구까지 오면 위험하지 않아요?"

"대부분은 걱정할 필요 없어. 지구에는 **자기장**이라는 거대한 보이지 않는 방패가 있거든. 이 자기장은 지구를 감싸는 보호막처럼 태양에서

노르웨이 하늘에 떠 있는 초록빛 오로라.
사진 ⓒwirestock(Freepic)

날아오는 위험한 입자들을 튕겨 내지. 그런데 북극이나 남극 근처에서는 이 보호막의 선들이 양쪽 끝으로 모여 있어서, 일부 태양풍 입자들이 **대기권**으로 들어올 수 있단다."

지호의 눈이 더 커졌다.

"그럼 대기권에 들어온 입자들은 어떻게 되는 거예요?"

엄마는 손으로 부딪치는 제스처를 하며 말했다.

"그 입자들이 대기 속의 산소나 질소 분자와 빠르게 부딪치면 분자가 에너지를 잔뜩 흡수하게 돼. 그런데 이 분자들은 에너지를 오래 간직하지 못하고, 남은 에너지를 '빛'으로 내보내. 바로 그 순간 하늘에 아름다운 오로라가 생기는 거야. 쉽게 말하면, 하늘에서 수많은 작은 불빛이 동시에 켜지고 꺼지는 것과 같아."

"그래서 그렇게 빛나는 거군요! 근데 옛날 사람들은 오로라를 보면 뭐라고 생각했어요?"

"아주 오래전 북유럽 사람들은 오로라를 신이 불붙인 불꽃이나, 전사들의 영혼이 하늘에서 춤추는 것이라고 믿었대. 다른 지역에

서는 불길한 징조로 여기기도 했지. 과학이 발전하면서 이제 우리는 그 비밀을 알게 됐지만, 여전히 신비롭게 느껴지는 건 사실이야.”

지호는 TV 속 오로라를 다시 바라보며 말했다.

“엄마, 저도 꼭 실제로 보고 싶어요. 근데 오로라를 볼 수 있는 여행은 비싸죠?”

“그래, 캐나다 옐로나이프 같은 곳에서 오로라 투어를 하려면 항공료와 숙박비를 합쳐서 금액대가 어마어마하지. 와~ 얼마나 오래 모아야 할지 모르겠다. 지호가 용돈을 모은다면 몇 년은 걸리겠지만, 언젠가 가능할 거야.”

지호는 결심한 듯 말했다.

“그럼 앞으로 용돈을 아껴서 오로라 여행 자금을 모아야겠어요. 실제로 보면 TV보다 더 멋있겠죠?”

엄마는 웃으며 지호의 어깨를 토닥였다.

💡 탄탄하게 개념 잡기

태양풍: 태양에서 끊임없이 방출되는 전기 입자들의 흐름으로, 주로 전자가 섞인 플라즈마 형태로 우주 공간을 이동해요. 이 입자들은 시속 수백만 킬로미터의 속도로 지구를 향해 날아오기도 해요. 대부분의 태양풍은 지구의 보호막인 자기장에 막히지만, 일부는 지구 근처에 영향을 미쳐 자기 폭풍을 일으킬 수도 있어요.

자기장: 철이 많은 지구 내부의 핵이 회전하면서 생성되는 거대한 자석과 같은 힘의 장이에요. 자기장은 지구를 둘러싼 보이지 않는 보호막처럼 태양에서 날아오는 해로운 입자들을 막아 줘요. 그러나 북극과 남극에서는 자기장의 선이 양쪽으로 모여 있기 때문에 태양풍 입자들이 통과할 수 있는 통로가 생기고, 이 통로를 따라 입자들이 대기권 깊숙이 들어오면서 오로라 현상이 나타나요.

대기권: 지구를 둘러싼 공기층으로, 여러 층으로 나뉘어 있으며 우리가 숨 쉬는 공기도 여기에 속해요. 태양풍 입자들은 대기권의 산소, 질소 분자와 강하게 부딪치면서 이 분자들에게 에너지를 전달합니다. 분자들은 받은 에너지를 오래 간직하지 못하고 다시 빛의 형태로 방출하게 되죠. 이때 방출되는 빛의 색과 밝기, 움직임이 우리가 보는 오로라의 모습으로 나타나요.

오로라: 태양풍과 대기권의 기체 분자가 충돌할 때 생기는 빛의 쇼로, 주로 북극과 남극에서 관찰돼요. 색깔은 부딪치는 기체 분자의 종류와 반응이 일어나는 높이(고도)에 따라 달라져요. 산소는 낮은 고도에서는 초록빛, 높은 고도에서는 붉은빛을 내며, 질소는 낮은 고도에서는 보랏빛, 높은 고도에서는 파란빛을 냅니다.

중요 포인트 연결하기

다음 문제를 읽고, 시차 및 자전과 관련하여 옳은 것은 O, 옳지 않은 것은 X 로 표시해 봅시다.

1 북유럽 사람들은 오로라를 전사들의 영혼이 하늘에서 춤추는 것이라 고 믿기도 했다. (O, X)

2 오로라는 태양에서 날아오는 전기 입자인 '태양풍'이 지구에 도착하면 서 생기는 현상이다 (O, X)

3 지구의 자기장은 태양풍 입자들이 대기권으로 모두 들어오도록 돕는 역할을 한다. (O, X)

정답: 1: O, 2: O, 3: X

글쓰기에 필요한 어휘 다지기

자기장은 지구를 둘러싼 보이지 않는 보호막처럼 태양에서 날아오는 해로 운 입자들을 막아 줍니다. 회색 부분을 따라 적으며, 자기장이 어떤 역할을 하 고 어떻게 작용하는지 알아볼까요?

자기장 磁 자석 자 氣 기운 기 場 마당 장

· 과학에서 자기장은 어떻게 사용될까?

자기장은 자석이나 전류 주변에서 자 기력이 작용하는 공간을 의미해요.

· 일상에서 자기장을 어떻게 사용할까?

1. 나침반은 지구 자기장을 이용해서 방향을 알려 주는 도구예요.

2. 자기 부상 열차는 자기장을 이용하 여 열차를 공중에 띄워 마찰을 줄이고 고 속으로 이동해요.

Chapter 4. 지구과학

북극과 남극 하늘에서만 볼 수 있는 빛의 춤, 오로라를 직접 보고 싶나요? TV나 사진으로만 보던 그 신비로운 장면을 눈앞에서 보는 순간, 숨이 멎을 듯한 감동을 느끼게 될 거예요. 그때를 상상하며 오로라 여행 홍보 글을 써 볼까요?

글쓰기를 돕는 힌트

☑ 오로라 여행의 특별한 순간을 상상해 보세요.

☑ 여행 중의 감정과 감동을 자연스럽게 표현해 보세요.

☑ 여행을 떠나고 싶게 만드는 문장을 넣어 보세요.

Q1 오로라 투어는 언제, 어디에서 진행되는지 검색해 보고, 찾은 내용을 글로 정리해 봅시다.

나의 문장:

Q2 여행에는 어떤 체험이 있을까요? 오로라를 보는 순간 어떤 기분이었을까요? 상상해서 써 봅시다.

나의 문장:

우주를 바라보는 지구의 시선

Q2 여행을 마친 후, 여러분은 어떤 이야기를 나누게 될까요?

나의 문장:

📌 스토리로 생각 열기

　영화 〈인터스텔라〉를 본 적 있나요? 주인공 쿠퍼는 우주 탐사를 떠나고, 그의 딸 머피는 지구에서 아빠를 기다립니다. 쿠퍼가 머문 행성 중 하나는 밀러 행성인데, 이곳은 **블랙홀** '가르강튀아' 근처에 있어 시간이 다르게 흐릅니다. 쿠퍼는 밀러 행성에서 단 몇 시간만 머물렀지만, 그사이 지구에서는 수십 년이 흘렀죠. 이런 일이 가능한 이유는 우주에서 **시간과 공간**이 서로 밀접하게 연결되어 있기 때문입니다.

　우주를 이해하려면 시간과 공간의 기본 단위를 알아야 합니다. 여기서 중요한 역할을 하는 것이 **빛의 속도**입니다. 빛은 우주에서 거리와 시간을 측정하는 기준이 됩니다. 예를 들어, 태양 빛이 지구에 도달하는 데 걸리는 8분 20초는 우리가 태양과 지구 사이의 거리를 이해하는 열쇠가 됩니다. 이런 식으로 빛의 속도를 기준으로 우주를 탐구하면 시간의 흐름과 공간의 거대함을 더 쉽게 이해할 수 있습니다.

그런데 우주는 너무 넓어서 일반적인 거리 단위인 km로는 표현하기 어렵습니다. 그래서 과학자들은 **광년**이라는 단위를 사용합니다. 광년은 빛이 초속 30만 km의 속도로 1년 동안 이동하는 거리로, 약 9조 5천억 km에 해당합니다. 이 단위를 사용하면 우주의 크기를 조금 더 실감할 수 있습니다.

그렇다면 지구에서부터 저 먼 우주로 여정을 떠나 볼까요? 우리 지구가 속해 있는 태양계의 별, 태양은 지구로부터 약 1억 5천만 km 떨어져 있고, 태양에서 태양계의 가장 먼 행성인 해왕성까지 빛이 도달하는 데는 약 4시간이 걸립니다. 태양계를 벗어나면 우리와 가장 가까운 별, 프록시마 켄타우리가 있습니다. 이 별은 지구에서 약 4.2광년 떨어져 있어, 빛이 4.2년 동안 쉬지 않고 이동해야 닿을 수 있는 거리입니다. 이렇게 생각하면 우주의 크기가 얼마나 엄청난지 느껴지지 않나요?

그렇다면, '우리 은하'는 어떨까요? 우리 은하는 수천억 개의 별과 그 주위를 도는 행성들로 이루어진 거대한 집합체입니다. 우리 은하의 한쪽 끝에서 다른 쪽 끝까지 빛의 속도로 가려면 약 10만 년이 걸립니다. 태양계와 비교하면 상상을 초월할 만큼 거대한 크기입니다. 이렇게 넓은 우주를 탐험하다 보면, 공간의 크기뿐만 아니라 시간의 흐름 또한 우리가 알고 있는 것과 완전히 다르게 작동할 수 있음을 알게 됩니다.

영화 〈인터스텔라〉는 이를 잘 보여 줍니다. 쿠퍼와 동료들이 머문 밀러 행성은 블랙홀 근처에 있어 시간이 천천히 흐릅니다. 이곳에서 그들이 보낸 3시간 동안, 지구에서는 23년이라는 세월이 흘렀습니다. 쿠퍼가 우주 임무를 모두 마치고 지구로 돌아왔을 때 그의 딸 머피는 이미 할머니가 되어 있었지만, 쿠퍼는 여전히 중년의 모습이었죠. 이 장면은 블랙홀의 중력이 시간의 흐름을 얼마나 극적으로 바꿀 수 있는지를 생생하게 보여 줍니다.

이렇게 우주의 크기와 시간의 신비를 생각하다 보면, 우리가 얼마나 작은 존재인지 깨닫게 됩니다. 하지만 솔직히 말하자면, 저는 자동차로 30분만 가도 멀다고 느낄 때가 많답니다. 가끔은 '오늘은 그냥 가지 말까?'라는 생각이 들기도 하죠.

그런데 빛의 속도로 30분 동안 이동해야 출퇴근할 수 있다면 어떨까요? 빛의 속도로 30분이면 태양계 안에서는 목성과 토성 사이 정도에 도달합니다. 매일 아침, 목성 너머까지 출근해야 한다고 상상해 보세요. 아마 한 번 출근하면 퇴근은 엄두도 못 낼 것 같네요.

다행히 저는 자동차로 30분이면 출퇴근할 수 있다는 점에 감사하며 오늘 하루도 힘내 봅니다. 우주의 광활한 시간과 거리에 비하면 우리의 일상은 얼마나 소중한지요. 여러분도 오늘 하루, 지구라는 행성에서의 여정을 즐기며 빛처럼 활기찬 하루 보내시길 바랍니다!

블랙홀: 중력이 너무 강해 빛조차 빠져나갈 수 없는 천체예요. 블랙홀 근처에서는 중력이 시간의 흐름을 느리게 만들어, 장소에 따라 시간이 다르게 흘러가는 현상이 발생할 수 있어요.

시간과 공간: 우주에서는 시간과 공간이 서로 밀접하게 연결되어 있어요. 블랙홀처럼 중력이 강한 곳에서는 시간이 천천히 흐르고, 이를 통해 우주에서의 시간과 공간의 신비를 이해할 수 있습니다.

광년: 빛이 초속 30만 km의 속도로 1년 동안 이동하는 거리로, 약 9조 5천억 km에 해당해요. 우주에서 거리를 나타낼 때 주로 사용하는 단위입니다.

빛의 속도와 우주: 빛의 속도는 우주에서 거리와 시간을 이해하는 기준이에요. 예를 들어, 태양 빛이 지구까지 도달하는 데 8분 20초가 걸리고, 가장 가까운 별 프록시마 켄타우리는 지구에서 약 4.2광년 떨어져 있어요.

중요 포인트 연결하기 💬

다음 문제를 읽고, 우주의 크기 및 시간과 관련하여 옳은 것은 O, 옳지 않은 것은 X로 표시해 봅시다.

1 우리 은하의 한쪽 끝에서 다른 쪽 끝까지 빛의 속도로 가는 데 약 10만 년이 걸린다. (O, X)

2 광년은 빛이 1년 동안 이동하는 거리로, 약 9.5만 km에 해당한다. (O, X)

3 블랙홀 근처에 있는 행성에서는 시간이 지구보다 천천히 흐른다. (O, X)

정답: 1: O, 2: X, 3: O

글쓰기에 필요한 어휘 다지기 🎵

우리가 밤하늘에서 보는 별들은 얼마나 멀리 있을까요? 그 거리를 나타내는 단위가 바로 광년이에요. 회색 부분을 따라 적으며, 광년이 무엇인지와 어떻게 사용되는지 알아볼까요?

광년 光 빛 광	年 해 년

· 과학에서 광년은 어떻게 사용될까?

광년은 빛이 초속 30만 km의 속도로 1년 동안 이동하는 거리로, 약 9조 5천억 km에 해당해요. 과학자들은 이 단위를 사용해 별과 은하 사이의 거리를 측정하고, 우주의 크기와 구조를 이해합니다.

· 일상에서 광년을 어떻게 사용할까?

1. 밤하늘의 별을 볼 때, 그 빛은 수년에서 수십억 년 전의 모습이에요. 별빛을 보며 우주의 시간을 느껴 보는 것도 광년의 의미를 이해하는 방법이에요.

2. 우주여행을 상상할 때, 가장 가까운 별까지 빛이 4.2광년을 이동해야 닿는다는 사실을 알면, 우주의 거대함을 더 실감할 수 있어요.

우주를 바라보는 지구의 시선

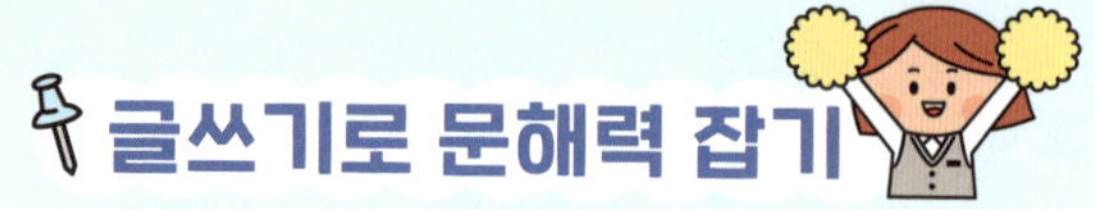

글쓰기로 문해력 잡기

우주는 아주 크고, 시간도 우리가 생각하는 것과 다르게 흐를 수 있어요. 이번에 읽은 글에서는 광년, 빛의 속도, 블랙홀 같은 새로운 개념을 배웠죠. 우주의 시간과 우리 일상 속 시간은 무엇이 같고 다른지 생각해 볼까요?

글쓰기를 돕는 힌트

☑ 우주에 대해 새롭게 알게 된 사실은 무엇인가요?

☑ 그것을 알고 나서, 여러분은 어떤 생각이 들었나요?

Q1 이번 글을 통해 우주의 시간에 대해 새롭게 알게 된 사실이 있나요? 또, 궁금했던 우주 관련 내용 중 하나를 더 조사해 봐도 좋아요.

나의 문장:

Q2 우주의 시간과 관련된 새로운 사실을 알았을 때, 어떤 생각이나 기분이 들었나요?

나의 문장:

Q3 우주의 시간과 관련해 새롭게 알게 된 사실을 친구가 잘 이해할 수 있도록, 비유나 예를 들어 설명해 볼까요? 비유란, 어떤 개념이나 상황을 더 쉽게 이해하도록, 그것과 닮은 다른 사물이나 상황에 빗대어 표현하는 방법입니다.

나의 문장:

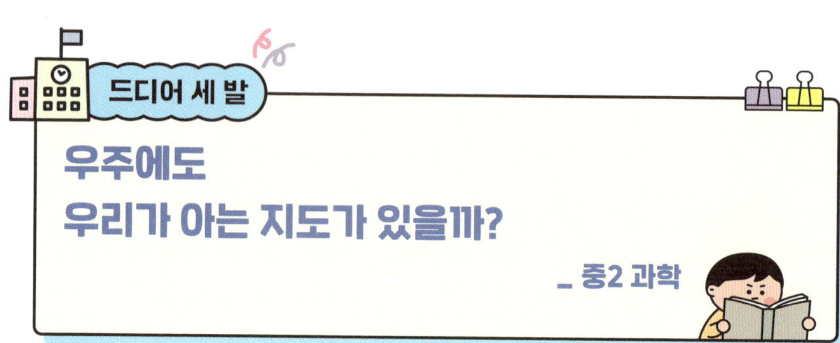

📌 스토리로 생각 열기

"박사님, 별 하나하나의 위치를 정밀하게 측정하는 게 뭐가 그렇게 중요한가요? 어차피 별의 수는 엄청 많잖아요."

교실 앞자리에 앉은 학생이 손을 번쩍 들며 물었다. 강연은 중반을 넘어가고 있었지만, 질문이 나올 때마다 반가웠다. 질문은 학생들이 깊이 생각하고 있다는 증거니까. 나는 잠시 미소를 지으며 대답했다.

"좋은 질문이에요. 저도 처음 가이아 미션을 시작할 때 같은 고민을 했어요. 별 하나의 위치와 밝기를 정밀하게 측정하는 건 단순히 별을 보는 게 아니에요. 그건 우주를 이해하는 첫걸음이랍니다."

가이아 미션은 유럽우주국이 진행 중인 프로젝트로, 우리 은하의 정밀한 3차원 지도를 만드는 것이 목표다. 2013년에 발사된 가

　　　　　　　　　　　Chapter 4. 지구과학

이아 우주 망원경은 지금도 약 10억 개 별의 위치, 밝기, 움직임 등을 측정해 데이터를 보내고 있다.

한 학생이 손을 들며 물었다.

"우주 지도는 지구 지도랑 뭐가 다른 거예요?"

나는 창문을 가리키며 설명했다.

"지구 지도는 산, 강, 도시처럼 우리가 사는 공간을 보여 줘요. 반면, 우주 지도는 별, 행성, 은하 같은 천체들의 위치와 성질을 기록한 거예요. 이 지도는 우리가 우주 속 어디에 있는지 알려 주고, 우주의 구조를 이해하는 데 꼭 필요하답니다."

나는 이야기를 이어 갔다.

"지구 지도를 만들려면 산과 강, 거리 같은 정보가 필요하듯, 우주 지도를 만들려면 별들의 위치, 거리, 밝기 같은 정보가 필요해요."

또 다른 학생이 물었다.

"별이 밝게 보이면 가까이 있는 거 아닌가요?"

"좋은 질문이에요! 하지만 꼭 그런 건 아니에요. 가까워서 밝게 보일 수도 있지만, 멀리 있어도 실제로 매우 밝기 때문에 가까이에서 밝게 빛나는 것처럼 보일 수도 있죠."

나는 화면에 자료를 띄우며 설명을 더했다.

"우리가 눈으로 보는 밝기를 **겉보기 등급**, 일정한 거리에서의 밝기를 **절대 등급**이라고 해요. 가이아는 이 두 가지를 비교해 별들의 정확한 밝기와 위치를 계산합니다. 이 작업은 우주 지도를 만드는 데 꼭 필요한 과정이에요."

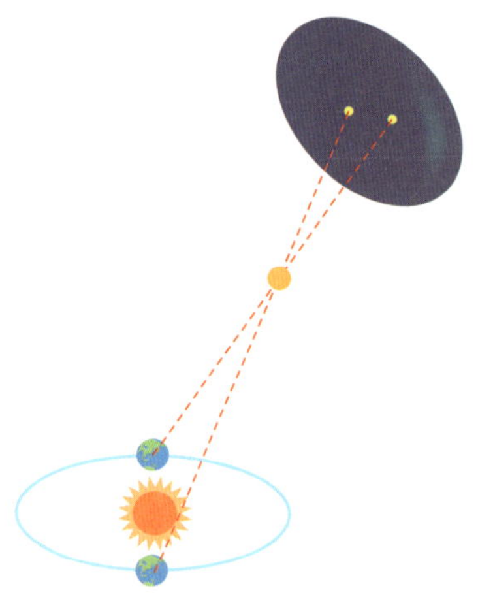

나는 손가락 실험을 제안했다.

"손가락을 눈앞에 두고 한쪽 눈을 감았다가 다른 눈으로 바꿔서 감아 보세요. 손가락이 움직이는 것처럼 보이죠? 이 원리를 **연주 시차**라고 해요. 지구가 공전하면서 생기는 시차를 이용해 가이아는 별까지의 거리를 계산합니다."

이어서 나는 말했다.

"별빛의 색깔도 중요한 정보예요. 빨간 별은 온도가 낮고, 푸른 별은 아주 뜨겁죠. 태양은 노란색 별로 표면 온도가 약 5,500°C예요. 가이아는 색을 분석해 별의 온도와 상태를 파악하고, 은하의 특징도 이해합니다."

학생들이 고개를 끄덕이며 이해하는 모습이 뿌듯했다. 이윽고 한 학생이 마지막 질문을 던졌다.

"가이아 미션이 끝나면 우주 지도가 완성되는 건가요?"

나는 미소 지으며 답했다.

"가이아 미션은 끝이 아니라 시작이에요. 가이아가 수집한 데이터로 천문학자들이 은하의 구조와 별의 분포를 분석해 3차원 우주 지도를 만듭니다. 이를 통해 우리는 우리 은하가 얼마나 크고 복잡한지, 그리고 지구가 우주에서 어디에 위치해 있는지도 알게 되었죠."

나는 자료를 보여 주며 덧붙였다.

"예를 들어, 가이아는 별들의 움직임을 기록해 별이 어떻게 태어나고 변하는지 연구하는 데 큰 도움을 줬어요. 또, 우리 은하 바깥의 다른 은하들과의 관계를 이해하는 데도 쓰이고 있죠. 가이아 말고도 허블 우주 망원경 같은 프로젝트로 만들어진 우주 지도도 있어요. 허블의 관측은 먼 과거의 은하까지 보여 주죠."

마지막으로 나는 학생들을 바라보며 말했다.

"여러분 중 누군가가 가이아 미션의 다음 단계를 이어 가거나, 새로운 우주 지도를 만드는 일을 할지도 몰라요. 이런 질문들이 바로 미래를 여는 열쇠랍니다."

그날 강연은 학생들에게 우주를 새롭게 보여 줄 수 있는 기회였다. 학생들의 반짝이는 눈빛 속에서 우주에 대한 호기심이 더 멀리 퍼져 나가리란 확신이 들었다.

💡 탄탄하게 개념 잡기

겉보기 등급: 우리가 지구에서 바라봤을 때 별이 얼마나 밝게 보이는지를 나타내는 값이에요. 겉보기 등급이 높은 별은 실제로 밝은 것일 수도 있고, 가까워서 그렇게 느껴지는 것일 수도 있어요.

절대 등급: 별이 지구에서 모두 똑같은 거리(약 32.6광년=10파섹)만큼 떨어져 있다고 가정했을 때 얼마나 밝게 보이는지를 나타내요. 이렇게 비교하면 별이 실제로 밝은지, 아니면 가까워서 밝게 보이는지를 알 수 있어요.

연주 시차: 지구가 태양 주위를 공전하면서 가까운 별이 움직이는 것처럼 보이는 각도를 말해요. 마치 손가락을 눈앞에 두고 한쪽 눈을 번갈아 감았을 때 손가락이 움직이는 것처럼 보이는 현상과 비슷하답니다.

지구가 궤도의 반대편에 있는 별을 6개월 간격으로 바라보면, 별의 위치가 약간 달라 보이는데, 이 차이를 이용해 별까지의 거리를 계산할 수 있어요. 가까운 별일수록 이 각도가 크고(많이 움직이는 것처럼 보임), 먼 별일수록 각도가 작아요(덜 움직이는 것처럼 보임).

Chapter 4. 지구과학

중요 포인트 연결하기

다음 문제를 읽고, 우주 지도에 대한 설명으로 옳은 것은 O, 옳지 않은 것은 X로 표시해 봅시다.

1 별빛의 색깔은 별의 온도를 알려 준다. (O, X)

2 별이 내 눈에 밝게 보이면 지구와 매우 가까이 있는 것으로 볼 수 있다. (O, X)

3 가이아 미션은 우리 은하의 3차원 지도를 만드는 것을 목표로 한다. (O, X)

정답: 1: O, 2: X, 3: O

글쓰기에 필요한 어휘 다지기

밤하늘에서 반짝이는 별들은 모두 어디에 속해 있을까요? 바로 은하라는 거대한 별들의 집합에 속해요. 회색 부분을 따라 적으며, 은하가 무엇인지와 어떻게 구성되어 있는지 알아볼까요?

은하 銀 은은 河 강하

· 과학에서 은하는 어떻게 사용될까?

은하는 수천억 개의 별과 행성, 그리고 우주를 구성하는 다양한 천체들로 이루어진 거대한 모임이에요.

· 일상에서 은하를 어떻게 사용할까?

1. 밤하늘에 흐릿하게 보이는 은하수를 바라보면, 우리가 속한 은하인 '우리 은하'의 일부를 보는 거예요.

2. 천체 망원경을 통해 은하를 관찰하며 그 안에 있는 별과 성운을 발견하면, 우주의 크기와 신비로움을 더 깊이 느낄 수 있어요.

글쓰기로 문해력 잡기

가이아 미션처럼 별 하나하나를 정밀하게 측정하고 우주의 지도를 만드는 일은 많은 시간과 돈이 들어요. 어떤 사람은 이렇게 말합니다. "우주보다는 지금 지구에 있는 문제부터 해결해야 하지 않을까?"

여러분은 어떻게 생각하나요? 우주를 연구하는 것이 정말 꼭 필요한 일일까요? 생각을 정리해서 글로 써 보세요.

글쓰기를 돕는 힌트

☑ 나의 주장과 그에 대한 이유가 분명하게 드러났나요?

☑ 반대 의견을 생각해 보고, 그에 대해 나의 생각을 덧붙였나요?

Q1 가이아 미션처럼 우주를 연구하는 일과 지구의 문제를 해결하는 일, 여러분은 둘 중 어떤 주제가 더 중요하다고 생각하나요? 또는 두 가지를 어떻게 균형 있게 해야 한다고 보나요?

나의 문장:

Chapter 4. 지구과학

Q2 그렇게 생각한 이유를 두 가지 이상 적어 보세요. 예를 들어, 가이아 미션을 읽고 느낀 점이나 우주 연구의 가치, 또는 지금 우리가 시급하게 해결해야 할 문제에 대한 자신의 생각을 자유롭게 적어 보세요.

나의 문장:

Q3 나와 다른 입장을 가진 친구가 반박한다면 나는 어떻게 대답할까요? 만약 친구가 "우주는 너무 멀고 우리랑 상관없다"고 말한다면 어떻게 반박할까요?

나의 문장:

토성의 위성은
어떻게 발견되었을까?

_ 중1 과학, 고등 선택 지구과학

📌 스토리로 생각 열기

어느 날 밤, 예술가는 우연히 들른 천문 전시회에서 토성의 사진을 보고 숨이 멎을 듯한 감동을 받았다. 반짝이는 은빛 고리와 신비로운 모습이 그의 마음을 단번에 사로잡았다. '이건 단순한 천체가 아니야. 우주의 걸작이야!' 그는 속으로 감탄했다.

그날 이후, 예술가는 토성을 주제로 한 융합 예술 프로젝트를 구상하기 시작했다. 하지만 토성에 대해 아는 게 별로 없어서 고민하던 끝에, 천문학자 민석에게 메일을 보내 도움을 청했다. 민석은 메일을 읽고 흥미를 느끼며 예술가와 만나 보기로 했다.

드디어 만나게 된 예술가와 민석. 예술가의 열정을 들은 민석은 미소 지으며 그에게 말했다.

"토성을 주제로 하다니, 정말 멋진 아이디어네요. 저도 토성을 연

Chapter 4. 지구과학

구할 때마다 새로운 매력을 느껴요. 이 프로젝트가 특별해질 수 있도록 제가 도와드릴게요."

민석은 토성에 대해 신나게 설명하기 시작했다.

"토성은 고대부터 관측됐지만, 그 진짜 모습은 망원경이 발명된 후에야 알게 됐어요. 갈릴레오 갈릴레이가 1610년에 망원경으로 처음 관찰했는데, 고리를 '옆에 붙은 귀'로 착각했거든요. 나중에 하위헌스라는 과학자가 더 정교한 망원경으로 고리 외에도 **타이탄**이라는 **위성**을 발견했죠. 이후 카시니라는 과학자가 4개의 주요 위성을 더 찾아내며 토성 연구의 새로운 장을 열었답니다."

예술가는 웃으며 말했다.

"그럼 처음에는 토성을 귀 달린 **행성**으로 오해했던 거군요. 과학의 시작도 꽤 재미있네요."

민석은 고개를 끄덕이며 맞장구쳤다.

"맞아요. 과학도 처음엔 허술했죠. 하지만 지금은 탐사선까지 보내서 토성의 고리, 대기, 그리고 위성들을 속속들이 연구하고 있어요. 예를 들어, 카시니 탐사선은 타이탄이라는 위성에 착륙해

보이저 2호가 본 고리에 드리운 토성의 그림자.
4개의 위성과 고리의 테가 보인다.
©NASA

서 메탄으로 된 호수를 발견했어요. 또 타이탄의 대기에서는 복잡한 **유기 분자**도 찾아냈죠."

"유기 분자요?"

예술가는 고개를 갸웃하며 물었다.

"유기 분자는 생명체를 만드는 기본적인 물질이에요. 아미노산이나 단백질처럼 생명에 꼭 필요한 것들이죠. 그래서 타이탄에서 유기 분자가 발견됐다는 건 정말 중요해요. 외계 생명체가 있을 수도 있다는 단서가 될 수 있거든요."

예술가는 더 흥미를 느끼며 또 물었다.

"위성 얘기가 정말 흥미롭네요. 더 들려주실 수 있나요?"

민석은 목소리를 가다듬으며 답했다.

"토성의 위성 중에서 특히 타이탄과 엔셀라두스가 외계 생명체 가능성과 관련이 깊어요. 타이탄은 대기에 복잡한 화합물이 많고, 표면에는 메탄과 에탄으로 된 액체가 흘러요. 지구와 비슷하면서도 전혀 다른 모습이죠. 그리고 엔셀라두스는 더 놀라워요. 얼음으로 덮인 표면 아래에 거대한 바다가 있을 가능성이 크거든요. 실제로 얼음 틈에서 물기둥이 솟아오르는 걸 관찰하기도 했답니다. 이 두 위성은 물, 에너지, 그리고 유기 분자처럼 생명체가 살기 위한 필수 조건들을 가지고 있어요. 이런 발견들은 외계 생명체를 찾는 데 아주 중요한 단서를 제공하고 있어요. 멋지지 않나요?"

예술가는 반짝이는 눈으로 또 물었다.

"그런데, 토성은 고리로도 유명하잖아요! 혹시 고리도 과학자들에게 중요한 단서를 줄 수 있나요? 귀 달린 행성처럼 보이는 것 말고 더 특별한 게 있을 것 같아요."

민석은 웃으며 고개를 끄덕였다.

　　　　　　　　　　　　　Chapter 4. 지구과학

"그렇죠, 토성의 고리는 정말 특별해요. 고리는 얼음과 먼지로 이루어져 있는데, 이걸 연구하면 태양계가 어떻게 만들어졌는지 알 수 있어요. 고리에 있는 물질들은 태양계가 처음 생길 때 남은 잔해와 비슷하거든요. 그래서 고리는 마치 우주가 우리에게 남긴 타임캡슐 같아요. 고리를 연구하면 옛날 우주의 비밀을 알 수 있는 거죠."

예술가는 잠시 생각에 잠기더니 미소 지었다.

"토성이 처음엔 그저 귀 달린 행성처럼 보였는데, 알면 알수록 숨겨진 이야기가 가득하네요. 인간의 감정도 이와 비슷한 것 같아요. 겉으로 보이는 것 뒤에 더 깊은 이야기가 숨어 있잖아요. 이번 프로젝트에서 토성을 통해 감정의 겉과 속을 표현하는 작품을 만들어 보고 싶어요. 정말 기대돼요."

민석은 따뜻하게 웃으며 말했다.

"토성처럼 반짝이는 아이디어네요. 완성되면 꼭 초대해 주세요. 저도 그 작품이 무척 기대됩니다."

💡 탄탄하게 개념 잡기

위성: 행성이나 소행성 주위를 돌며 함께 움직이는 천체예요. 일부 위성은 대기와 물, 얼음을 가지고 있어 생명체 존재 가능성을 연구하는 데 중요한 단서를 제공해요. 예를 들어, 목성의 위성 '유로파'와 토성의 위성 '엔셀라두스'는 얼음 밑에 바다가 있을 가능성이 커서 주목받고 있어요.

행성: 별 주위를 돌며 스스로 빛을 내지 않고, 구형을 유지할 만큼 질량이 큰 천체예요. 다양한 환경과 성분을 가지고 있어 태양계와 외계 행성 연구의 핵심 대상이에요. 행성은 지구형 행성과 목성형 행성처럼 크기와 성분에 따라 여러 종류로 나뉘어요.

타이탄: 토성의 위성 중 하나로, 두꺼운 대기와 액체 메탄·에탄 호수를 가지고 있어요. 지구 밖에서 생명체 가능성을 탐구하는 데 중요한 연구 대상이에요. 타이탄의 대기는 질소가 많고, 지구의 초기 대기와 비슷하다고 알려져 있어요.

유기 분자: 탄소를 포함한 분자로, 단백질·지질·탄수화물 같은 생명체 구성 성분의 기본 단위예요. 우주에서 유기 분자를 발견하면 생명체 형성 가능성을 추측하는 중요한 단서가 돼요. 유기 분자는 혜성, 운석, 먼지 구름에서도 발견된 적이 있어요.

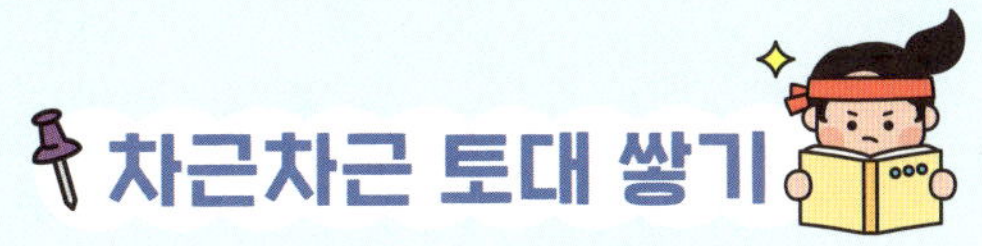

중요 포인트 연결하기

다음 문제를 읽고, 토성에 대한 설명으로 옳은 것은 O, 옳지 않은 것은 X로 표시해 봅시다.

1 토성의 고리는 얼음과 먼지로 이루어져 있다. (O, X)

2 갈릴레오는 토성의 고리를 처음 관찰했고 구조를 정확히 이해했다. (O, X)

3 토성의 고리는 태양계의 형성 과정을 연구하는 데 중요한 단서를 제공한다. (O, X)

정답: 1: O, 2: X, 3: O

글쓰기에 필요한 어휘 다지기

위성은 행성이나 다른 천체 주위를 공전하는 천체를 의미해요. 회색 부분을 따라 적으며, 위성이 무엇인지와 어떻게 구성되어 있는지 알아볼까요?

위성 衛 지킬 위 星 별 성

· 과학에서 위성은 어떻게 사용될까?

위성은 행성을 도는 천체로, 토성의 타이탄과 같은 위성은 외계 생명체의 가능성을 탐구하는 데 중요한 역할을 해요.

· 일상에서 위성을 어떻게 사용할까?

1. 인공위성 덕분에 우리는 내비게이션 앱으로 길을 찾거나, 집에서 전 세계 소식을 실시간으로 볼 수 있어요.

2. 대도시 주변에 만들어진 '위성도시'는 주거와 교통을 분산시켜, 사람들이 더 편리하게 생활할 수 있도록 해 줘요.

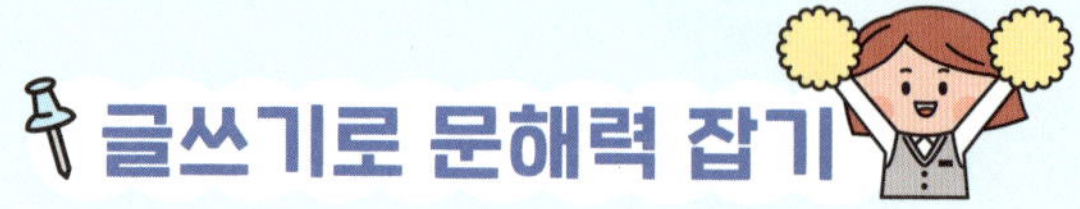

NASA에서 새로운 토성 탐사팀을 꾸리고 있어요. 과학자, 예술가, 요리사, 감정 전문가 등 다양한 역할이 필요하대요. 그중에서 내가 맡고 싶은 역할을 하나 고르고, 왜 그 역할이 내게 어울리는지 자신 있게 소개하는 글을 써 볼까요?

글쓰기를 돕는 힌트

☑ 내가 어떤 역할을 맡고 싶은지 명확하게 썼나요?

☑ 그 역할에 내가 왜 어울리는지, 어떤 능력이나 성격을 갖고 있는지 설명했나요?

Q1 NASA에서 토성 탐사선을 타고 갈 팀원을 모집한대요! 내가 맡고 싶은 역할을 고르고, 그 이유를 적어 보세요.

나의 문장:

Q2 토성 탐사 중 내가 꼭 필요한 순간이 온다면 어떤 장면일까요? 내가 어떤 활동을 하며 팀에 도움을 주고 있을지 상상해서 써 보세요.

나의 문장:

Q3 탐사가 끝나고 지구로 돌아온 뒤, 사람들이 내 활약을 칭찬하네요! 내가 토성 탐사에서 어떤 활약을 했을지, 어떤 기분이 들었을지 마지막으로 정리해 보세요.

나의 문장:

날씨 예보에서 바람의 방향을 어떻게 예측할 수 있을까?

_ 2014학년도 수능

스토리로 생각 열기

지구는 거대한 회전판처럼 하루에 한 번씩 스스로 돌고 있어요 (자전). 하지만 너무 크고 일정하게 돌기 때문에 우리는 이 움직임을 느끼지 못합니다. 그렇다고 해서 지구의 회전이 아무 영향도 미치지 않는 것은 아니에요. 사실 지구가 돌기 때문에 나타나는 아주 특별한 힘이 있습니다. 바로 **전향력(코리올리 효과)**이라는 힘이에요.

지구의 가운데 부분인 **적도**는 남극과 북극에서 같은 거리에 있으며 지구를 **남반구**와 **북반구**로 나누는 가상의 선입니다. 적도는 지구가 하루에 한 바퀴를 도는 동안 가장 긴 거리를 움직이기 때문에 시속 약 1,600km로 매우 빠르게 돌고 있어요. 반면, 북쪽으로 올라갈수록 지구가 도는 속도는 점점 느려지고, 북극이나 남극에서는 거의 움직이지 않아요. 이렇게 속도가 다른 상태에서 물체

Chapter 4. 지구과학

가 움직이면 신기한 일이 벌어집니다. 예를 들어 지구의 가운데인 적도에서 위쪽으로 물체를 던지면 어떻게 될까요? 그 물체는 던져지는 순간 이미 적도의 빠른 회전 속도를 가진 채 출발해요 하지만 도착할 곳은 느리게 돌고 있기 때문에, 물체는 원래 목표보다 오른쪽으로 휘어져 떨어집니다. 지구가 돌고 있기 때문에 물체의 움직임이 비틀려 보이는 이 힘이 바로 전향력이에요.

전향력은 지구 어디에서나 나타나지만, 휘어지는 방향은 달라요. 우리나라가 속한 북반구에서는 지구가 반시계 방향으로 자전하면서 움직이는 물체가 원래 가려던 방향에서 오

전향력으로 인해 북반구의 열대저기압인 태풍 난마돌(왼쪽)은 시계 반대 방향으로 회전하고, 남반구의 열대저기압인 사이클론 다리안(오른쪽)은 시계 방향으로 회전한다. 2022년 촬영.
©NASA

른쪽으로 휘고, 호주나 남아프리카 같은 남반구에서는 그 반대인 왼쪽으로 휘어요. 태풍도 전향력의 영향을 받아 북반구에서는 반시계 방향으로, 남반구에서는 시계 방향으로 소용돌이치며 돌아요. 이렇게 전향력의 방향이 반대이기 때문에 태풍의 모양도 북반구와 남반구에서 서로 다르게 보이는 것이죠.

전향력은 단순히 공을 던질 때만 나타나는 힘이 아니에요. 우리가 숨 쉬는 공기, 바다의 물, 심지어 거대한 태풍의 움직임에도 영

향을 줍니다. 과학자들은 바람이 어디로 불고 태풍이 어떤 경로로 이동할지를 예측할 때 전향력을 꼭 계산해요. 전향력을 알면 바람과 구름, 바닷물의 흐름을 훨씬 더 정확하게 예측할 수 있기 때문이에요. 또한 항공기나 선박이 먼 거리를 이동할 때도 전향력을 고려해야 정확하게 목적지에 도착할 수 있습니다. 미사일이나 로켓을 발사할 때도 마찬가지예요. 전향력을 무시하면 목표를 맞출 수 없기 때문에 과학자들은 미리 얼마나 휘어질지 계산해 발사 각도를 조정한답니다.

이처럼 전향력은 지구가 돌기 때문에 생기는 힘으로, 움직이는 물체가 원래 가려던 방향에서 살짝 빗나가 보이도록 만들어요. 전향력이 있기 때문에 우리는 태풍의 길을 예측할 수 있고, 항공기나 미사일도 정확하게 목표에 도달할 수 있습니다. 지구의 회전이 우리 생활에 이렇게 깊숙이 영향을 미친다는 사실, 정말 신기하지 않나요?

💡 탄탄하게 개념 잡기

북반구: 지구의 위쪽 절반을 말하며, 우리나라, 유럽, 북아메리카가 속해 있어요. 북반구에서는 전향력 때문에 움직이는 물체가 원래 가려던 방향에서 오른쪽으로 휘어요. 태풍도 이 힘의 영향을 받아 반시계 방향으로 돕니다.

남반구: 지구의 아래쪽 절반으로, 호주, 남아프리카, 남아메리카의 일부가

속해 있어요. 남반구에서는 전향력이 반대로 작용해 물체가 왼쪽으로 휘어요. 태풍은 시계 방향으로 회전하며 이동합니다.

적도: 지구를 동그랗게 둘러싸고 있는 가상의 선으로, 지구를 남반구와 북반구로 나누는 기준이 됩니다. 지구에서 가장 가운데 위치해 있어요. 적도는 지구에서 가장 빠르게 돌기 때문에 전향력이 거의 나타나지 않는 곳이에요.

전향력(코리올리 효과): 지구가 돌기 때문에 생기는 가상의 힘으로, 움직이는 물체의 방향이 살짝 비틀어져 보이게 해요. 북반구에서는 오른쪽으로, 남반구에서는 왼쪽으로 물체가 휘어집니다. 이 힘은 태풍, 바람, 바닷물의 흐름, 미사일이나 비행기의 경로에도 영향을 줍니다.

지구 자전 속도: 지구는 하루에 한 바퀴씩 돌지만, 도는 속도는 위치마다 달라요. 적도에서는 시속 약 1,600km로 가장 빠르고, 극지방으로 갈수록 점점 느려지며, 북극과 남극에서는 거의 0에 가까워요. 이 속도 차이가 전향력이 생기는 이유입니다.

차근차근 토대 쌓기

중요 포인트 연결하기

다음 문제를 읽고, 전향력에 대한 설명으로 옳은 것은 O, 옳지 않은 것은 X로 표시해 봅시다.

1 전향력은 지구가 돌기 때문에 생기는 힘이다. (O, X)

2 미사일이나 비행기의 경로를 계산할 때 전향력을 고려하지 않아도 된다. (O, X)

3 전향력은 태풍, 바람, 바닷물의 흐름에도 영향을 준다. (O, X)

정답: **1**: O, **2**: X, **3**: O

글쓰기에 필요한 어휘 다지기

우리 주변의 바람, 바닷물, 태풍은 왜 곧게 움직이지 않고 휘어질까요? 바로 지구가 돌면서 생기는 전향력 때문이에요. 회색 부분을 따라 적으며, 전향력이 무엇인지와 이 힘이 물체의 움직임에 어떤 영향을 주는지 알아볼까요?

전향력 轉 구를 전　向 향할 향　力 힘 력

· 과학에서 전향력은 어떻게 사용될까?

전향력은 지구가 도는 동안 생기는 가상의 힘으로, 움직이는 물체의 경로가 원래 가려던 방향에서 살짝 비틀어지도록 만들어요. 북반구에서는 오른쪽으로, 남반구에서는 왼쪽으로 물체가 휘어집니다.

· 일상에서 전향력을 어떻게 사용할까?

1. 전향력은 날씨 예측에 쓰여요. 과학자들은 바람과 구름, 태풍의 이동 경로를 계산할 때 전향력을 활용해 더 정확한 예보를 할 수 있어요.

2. 전향력은 항공기와 미사일의 경로를 계산할 때도 필요해요. 전향력을 고려하지 않으면 목표 지점을 맞추기 어렵기 때문에, 과학자들은 미리 휘어질 정도를 계산해 비행경로나 발사 각도를 조정합니다.

글쓰기로 문해력 잡기

기상청에서 학생 기자단을 뽑고 있어요. 이번 기자단은 특별히 태풍 예보 속에서 전향력의 원리를 설명하는 역할을 맡게 된다고 해요. 내가 기상캐스터가 되어 전향력에 대해서 언급하며 흥미로운 일기예보를 만들어 볼까요?

글쓰기를 돕는 힌트

☑ 전향력이 무엇인지 설명해 볼까요?

☑ 전향력을 실제로 경험할 수 있는 사례를 함께 소개해 볼까요?

☑ 전향력과 태풍 예보를 자연스럽게 연결해 볼까요?

Q1 내가 기상캐스터가 되어 전향력을 설명한다면, 어떤 말로 예보를 시작할까요?

나의 문장:

Q2 일기예보 도중 학생인 내가 직접 전향력을 설명하는 장면을 상상해 보세요. 전향력의 원리와 실제 사례(예: 태풍, 바람, 바닷물 흐름, 미사일 경로 등)를 자연스럽게 말해 보세요.

나의 문장:

Q2 예보가 끝난 후, 시청자들이 내 설명을 칭찬한다면? 내가 전향력을 쉽게 설명한 덕분에 어떤 반응이 나왔는지, 그리고 어떤 기분이 들었는지 정리해 보세요.

나의 문장: ____________________________

____

____

밤하늘에서 가장 밝은 별, 정말 가장 밝을까?

_ 2015학년도 6월 모의평가

스토리로 생각 열기

낮에는 태양이 너무 밝아서 다른 별빛은 잘 보이지 않아요. 그런데 만약 낮에도 보이는 별이 있다면, 그 별은 어떤 별일까요? 낮에도 보일 정도라면 지구에서 보이는 밝기가 아주 강한 별일 거예요. 하지만 보이는 밝기가 강하다고 해서 그 별이 실제로 가장 밝은 별이라고 할 수는 없어요. 가까운 작은 전등이 밝게 보이지만, 멀리 있는 커다란 전등이 더 강한 빛을 낼 수 있는 것처럼 말이에요.

과학자들은 별을 연구할 때 별이 실제로 얼마나 밝은지, 즉 '진짜 밝기'를 알아내는 것이 중요하다고 생각해요. 별의 실제 밝기를 알아야 그 별이 얼마나 크고 뜨거운지, 또 우주에서 어떤 역할을 하는지 알 수 있기 때문이에요.

옛날 고대 천문학자 히파르코스는 맨눈으로 보이는 별들을 가장 밝은 별인 1등급부터 가장 어두운 별인 6등급까지 나누었어요. 이를 **겉보기 등급**이라 해요. 이후 포그슨은 1등급 별이 6등급 별보다 약 100배 밝고, 한 등급 차이는 약 2.5배라는 사실을 밝혔어요. 그러나 이 등급은 지구에서 보이는 밝기만 기준으로 한 것이어서 별의 실제 성질을 정확하게 알 수 없었어요.

그래서 과학자들은 별이 모두 지구에서 같은 거리, 10파섹(약 32.6광년) 떨어져 있다고 가정하고 밝기를 비교하기로 했어요. 이 값을 **절대 등급**이라고 해요. 이렇게 하면 별들의 밝기를 공평하게 비교할 수 있어요. **파섹**이라는 거리는 상상하기 어려울 만큼 멀지만, 쉽게 말해 1파섹은 빛이 3년 넘게 가야 도착할 만큼 먼 거리라고 생각하면 돼요.

예를 들어, 리겔은 지구에서 볼 때도 밝지만, 같은 거리에서 비교하면 훨씬 더 밝은 별이라는 사실을 알 수 있어요. 반대로 지구에서 밝게 보이는 어떤 별은 실제로는 작고 약한 별일 수도 있어요. 그래서 절대 등급을 통해서야 비로소 별의 진짜 성질을 알 수 있답니다.

별까지의 거리를 알기 위해 과학자들은 거리 지수라는 것도 사용해요. 이 값이 클수록 별이 지구에서 더 멀리 있다는 뜻이에요. 북극성의 경우 거리 지수가 5.6으로, 실제로는 133파섹이나 떨어져 있어요.

낮에도 보일 정도로 강한 빛을 내는 별은 분명 아주 뜨겁고 크며 많은 에너지를 내는 별일 거예요. 하지만 우리가 보는 밝기만으로는 그 비밀을 다 알 수 없어요. 별의 진짜 밝기, 즉 절대 등급을 알아야 비로소 낮에도 빛날 만큼 강력한 별인지 확실히 알 수 있답니다.

이제 밤하늘을 올려다볼 때, 반짝이는 별빛 하나하나가 단순히 예쁜 빛이 아니라, 별의 거리와 성질, 그리고 우주의 오래된 이야기를 담고 있다는 사실을 떠올려 보세요. 낮에도 보일 만큼 강한 별이 어떤 별인지 상상하면서 별을 보는 것도 재미있을 거예요.

💡 탄탄하게 개념 잡기

겉보기 등급: 지구에서 바라본 별의 밝기를 말해요. 가까운 별은 실제보다 더 밝아 보이고, 멀리 있는 별은 실제보다 어둡게 보일 수 있어요. 고대에는 맨눈으로 보이는 별을 1등급(가장 밝음)에서 6등급(가장 어두움)까지 나눴고, 지금은 망원경으로 더 넓은 범위를 관측할 수 있어 등급이 확장되었어요.

절대 등급: 모든 별이 지구에서 같은 거리인 10파섹(약 32.6광년)에 있다고 가정했을 때의 밝기를 말해요. 절대 등급을 알면 별의 실제 밝기와 성질을 공정하게 비교할 수 있어요.

파섹: 별까지의 거리를 재는 단위예요. 1파섹은 빛이 3년 넘게 가야 도착할 수 있는 매우 먼 거리(약 3.26광년)예요. 별의 위치와 거리를 계산할 때 천문학에서 주로 사용돼요.

Chapter 4. 지구과학

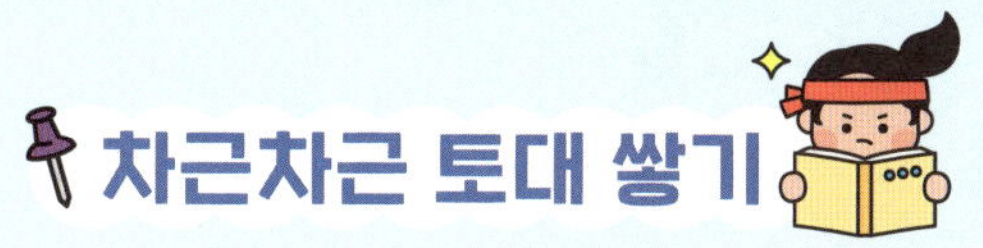

중요 포인트 연결하기

다음 문제를 읽고, 별의 밝기에 대한 설명으로 옳은 것은 O, 옳지 않은 것은 X로 표시해 봅시다.

1 지구에서 보이는 별의 밝기만으로도 별의 크기와 성질을 정확히 알 수 있다. (O, X)

2 절대 등급은 별이 모두 지구에서 10파섹 떨어져 있다고 가정했을 때의 밝기를 말한다. (O, X)

3 파섹은 별까지의 거리를 나타내는 단위로, 1파섹은 빛이 3년 넘게 가야 도착할 정도로 멀다. (O, X)

정답: 1: X, 2: O, 3: O

글쓰기에 필요한 어휘 다지기

우리 눈에 보이는 별의 밝기는 모두 같을까요? 회색 부분을 따라 적으며, 별의 밝기를 나타내는 등급이 무엇인지와 이 등급이 별 연구에서 어떤 의미인지 알아볼까요?

등급 等 같을 등 級 계급 급

· 과학에서 등급은 어떻게 사용될까?

별의 겉보기 등급은 지구에서 바라봤을 때 별이 얼마나 밝아 보이는지를 나타내요. 가까이 있는 별은 실제보다 밝아 보이고, 멀리 있는 별은 실제보다 어둡게 보일 수 있어요.

· 일상에서 등급을 어떻게 사용할까?

등급은 일상에서도 많이 활용돼요. 예를 들어 영화는 별점으로, 호텔은 성급으로, 시험은 점수 등급으로 평가하죠. 이런 등급은 대상을 비교하거나 수준을 쉽게 이해하도록 도와줘요.

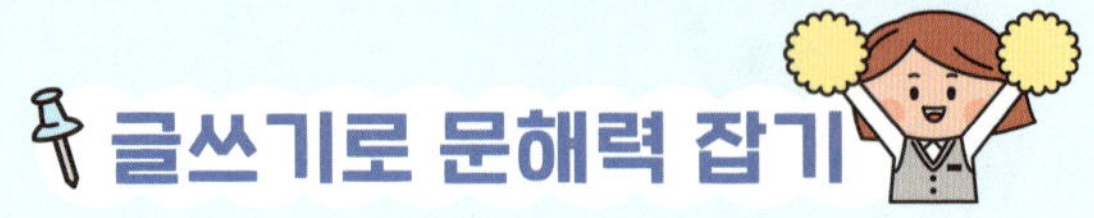

글쓰기로 문해력 잡기

천문학자가 되었다고 상상해 볼까요? 내가 선택한 별 하나를 조사하고, 별의 밝기와 성질을 글로 소개해 보세요.

글쓰기를 돕는 힌트

☑ 내가 조사할 별의 이름과 특징을 소개했나요?

☑ 이 별의 겉보기 등급과 절대 등급을 조사했나요?

☑ 별까지의 거리(광년이나 파섹)를 확인했나요?

☑ 별의 크기, 색, 온도 같은 추가 정보를 찾아 정리했나요?

Q1 내가 선택한 별의 이름과 특징을 적어 보세요.

나의 문장:

Q2 이 별의 겉보기 등급과 절대 등급을 조사해 보세요.

나의 문장:

  Chapter 4. 지구과학

Q3 이 별까지의 거리를 광년이나 파섹 단위로 적어 보세요.

나의 문장:

Q4 이 별의 크기, 색, 온도 등 추가 정보를 찾아 정리해 보세요..

나의 문장:

Q5 이 별의 겉보기 등급과 절대 등급을 비교해 보세요. 겉보기 밝기와 실제 밝기는 어떻게 다른가요?

나의 문장:

Chapter 1. 물리
세상을 움직이는 힘의 비밀?

가볍게 한 발 30만 톤의 거인,
해상 석유 플랫폼은 어떻게 바다 위에 서 있을까? _ 중 1 과학

Q1 다음 중 하나를 활용해 기사의 첫 문장을 써 보세요.

"만약 25층 높이의 거대한 건물이 바다 위에 떠 있다면 믿을 수 있나요?"

Q2 해상 석유 플랫폼은 어떤 구조로 이루어져 있나요?

상부 구조에는 석유를 뽑아내는 장비와 작업자들의 생활 공간이 있다. 하부 구조는 물속에 있으며, 플랫폼의 무게를 지탱하고 균형을 잡아 주는 역할을 한다. 부유식 플랫폼은 부력의 원리를 이용해 물 위에 떠 있을 수 있다. 부유식 해상 석유 플랫폼은 물을 넣고 빼는 방식으로 무게 중심을 조절한다.

Q3 독자에게 전하고 싶은 메시지를 정리해 보세요.

"해상 플랫폼은 바다 위의 과학 실험실이에요. 이 안에는 수많은 기술과 안전이 숨어 있습니다."

Q4 위의 Q1~Q3을 바탕으로 신문 기사를 작성해 보세요.

"바다 위의 거대한 공장, 해상 석유 플랫폼의 비밀"
바다 한가운데, 25층 높이의 거대한 구조물이 떠 있다는 사실을 알고 있나요? 이 거대한 구조물은 바로 해상 석유 플랫폼입니다. 육지에서 멀리 떨어진 바다에서 석유를 뽑아내는 첨단 시설이죠.
부유식 해상 석유 플랫폼은 두 부분으로 나뉩니다. 상부 구조에는 석유를 뽑아내는 장비와 작업자들의 생활 공간이 있습니다. 반면 하부 구조는 물속에 있으며, 부력의 원리를 이용해 플랫폼이 물 위에 떠 있도록 해 줍니다. 물을 넣고 빼는 방식으로 무게 중심을 조절해 폭풍 속에서도 안정적으로 유지됩니다.
석유 채취 과정도 흥미로운데요. 먼저, 탐사 장비로 석유가 있는 곳을 찾은 후, 바다 밑을 뚫어 석유가 모인 층까지 도달합니다. 그런 다음 펌프로 석유

를 끌어 올리고, 1차 정제를 거쳐 육지로 옮깁니다.

해상 석유 플랫폼은 극한의 환경 속에서도 작동하는 과학과 공학의 결정체입니다. 다음에 바다 위에 떠 있는 이 구조물을 본다면, 그 속에 숨겨진 기술의 세계를 떠올려 보세요.

가볍게 한 발 양궁 선수는 어떻게 화살을 10점에 명중시킬까? _ 중 1 과학

Q1 다음 중 하나를 활용해 기사의 첫 문장을 써 보세요.

"10점! 또 10점! 올림픽 양궁 선수들은 왜 그렇게 정확할까요?"

Q2 청소년 양궁 선수의 눈으로 본 프로 선수들의 움직임은 어떤가요?

저는 양궁을 배우고 있는 어린이 선수예요. 올림픽 중계를 보다가 우리나라 선수가 세 번 연속 10점을 맞히는 장면을 보고 정말 놀랐어요. 저도 활을 쏴 봤지만 과녁에 맞히는 게 쉽지 않거든요.

프로 선수들은 활을 아주 많이 당기고, 숨도 멈추고, 바람도 보는 것 같았어요. 활시위를 당기면 활이 휘어지는데, 그 힘이 화살을 멀리 날아가게 해요. 이걸 '탄성력'이라고 해요. 그리고 화살은 직선으로 가지 않고 아래로 떨어지기 때문에 조금 위쪽을 겨냥한다고 배웠어요. 그걸 '포물선'이라고 해요. 또, 바람이 불면 화살이 옆으로 밀릴 수 있어서 선수들이 바람을 살피는 것도 봤어요. 바람은 눈에 보이지 않지만 화살의 방향을 바꿀 수 있어요. 이게 '공기 저항'이라고 선생님께서 알려 주셨어요.

Q3 내가 배우고 느낀 점은 무엇인가요?

양궁은 그냥 활을 쏘는 게 아니었어요. 양궁에는 과학이 숨어 있다는 걸 알게 되었어요. 저도 열심히 연습해서 몸으로 과학을 느끼는 선수가 되고 싶어요. 다음에 경기를 볼 땐 화살에 숨은 힘도 함께 생각해 볼 거예요.

천천히 두 발 자동차가 일부러 벽에 부딪치는 이유는?
_ 중 1 과학, 고등 통합과학

Q1 자동차 사고나 위험 상황을 경험한 적이 있나요?

작년 겨울, 저희 가족은 눈길에서 차를 타고 가다가 미끄러져 앞차와 충돌할

뻔한 적이 있어요. 다행히 속도를 줄이고 있었고, 바로 제동해서 큰 사고는 나지 않았어요. 그때 정말 놀라고 무서웠던 기억이 아직도 생생해요.

Q2 그때 안전장치 덕분에 큰 사고를 피했나요, 아니면 아쉽게도 그러지 못했나요?
아빠가 항상 안전벨트를 꼭 매는 분이셔서 저도 습관처럼 하고 있었는데, 그 덕분에 급정지할 때 몸이 앞으로 튀어 나가지 않았어요. 만약 안전벨트를 안 했더라면 다칠 뻔했다고 생각해요. 그리고 차에 경고음이 떠서 에어백도 자동으로 준비되는 시스템이 작동했다고 해요.

Q3 이 경험을 통해 자동차 충돌 테스트의 중요성에 대해 느낀 점은 무엇인가요?
그 일을 겪고 나서 자동차를 살 때 충돌 테스트 결과가 정말 중요하다는 걸 알게 되었어요. 단순히 브랜드나 디자인만 보는 게 아니라, 실제로 충돌 실험을 통해 어떤 차가 사람을 잘 보호하는지를 꼭 확인해야겠다고 느꼈어요. 안전장치들이 괜히 있는 게 아니라는 걸 몸으로 깨달은 경험이었습니다.

드디어 세 발 전기차, 정말 안전할까? 배터리 속 숨은 비밀
_ 중2 과학, 고등 통합과학

Q1 전기차 배터리에서 화재가 발생하는 이유를 세 문장 이내로 요약해 보세요.
전기차 배터리가 너무 뜨거워지면 분리막이 녹아 양극과 음극이 직접 닿게 돼요. 그러면 전기가 잘못 흘러 온도가 더 높아지고, 열 폭주 현상이 생겨요. 이로 인해 배터리가 폭발하거나 화재가 발생할 수 있어요.

Q2 아래 과학 용어 중 하나를 골라, 나만의 말로 쉽게 설명해 보세요.
열 폭주: 배터리 안에서 온도가 계속 올라가면서 통제할 수 없게 되는 위험한 상태예요.
분리막: 양극과 음극이 직접 닿지 않게 막아 주는 얇은 막이에요. 너무 뜨거우면 녹아요.
양극과 음극: 전기를 주고받는 배터리의 두 부분으로, 서로 닿으면 사고가 날 수 있어요.

Q3 만약 내 스마트폰 배터리에서 '열 폭주' 같은 일이 생긴다면 어떤 일이 일어날까

요? 내가 겪을 수 있는 불편함, 위험, 대처 방법을 자유롭게 상상해서 써 보세요.

스마트폰이 갑자기 뜨거워지고, 배가 불룩해져서 터질까 봐 무서웠을 것 같아요. 아마 바로 전원을 끄고 충전기를 뽑았을 것 같아요. 그래서 평소에 너무 오래 충전하거나 열이 심할 땐 조심해야겠다고 느꼈어요.

마침내 네 발 시간이 멈출 수도 있다고? 블랙홀에선 가능하지!
_ 고등 선택 물리

- 기자: 안녕하세요, 박사님. 블랙홀에 대해 많은 사람들이 궁금해하는데, 블랙홀에 대해 설명해 주시면 감사하겠습니다.

- 박사: 그 누구도 블랙홀 안에 빠지면 다시 나올 수 없기 때문에 '블랙홀'이라는 이름이 붙여졌습니다. 구체적으로 설명드리면 블랙홀은 매우 강한 중력을 가진 천체로, 빛조차 빠져나올 수 없을 만큼 중력이 강해요. 무언가가 한번 들어가면 다시는 나올 수 없어서 '검은 구멍'처럼 보이기 때문에 그렇게 불립니다.

- 기자: 그렇군요! 그런데 박사님, 블랙홀 근처에서는 시간이 느리게 흐른다고 하던데, 그 이유가 무엇인가요?

- 박사: 우리가 사는 일상에서는 시간이 모두에게 똑같이 흐르는 것처럼 느껴지죠. 하지만 블랙홀 근처에서는 다르답니다. 구체적으로 설명드리면 블랙홀처럼 중력이 아주 강한 곳에서는 시간이 더 천천히 흐릅니다. 이것을 '시간 팽창'이라고 해요. 중력이 강할수록 시간은 더 느리게 흘러요. 그래서 블랙홀 가까이 있을수록 바깥세상보다 시간이 느려지게 되는 거죠.

- 기자: 그럼 시간이 가장 느리게 흐르는 곳은 어디인가요?

- 박사: 블랙홀에서는 시간이 가장 극적으로 느려지는 곳이 바로 '사건의 지평선'입니다. 사건의 지평선을 좀 더 말씀드리면 이곳은 블랙홀의 경계선이에요. 이 경계를 넘어가면 아무것도 다시는 나올 수 없죠. 이 경계 바로 근처에서는 중력이 극도로 세기 때문에, 외부에서 보면 시간이 거의 멈춘 것처럼 보이게 됩니다.

- 기자: 블랙홀은 정말 신비로운 존재네요. 시간과 관련된 이 현상도 매우 놀랍습니다. 과학자들은 블랙홀에 대해 더 많은 것을 알아내고 있나요?

- 박사: 맞습니다. 블랙홀은 단순히 무서운 천체가 아니라, 시간과 중력을 연구하는 데 있어서 아주 중요한 단서가 되는 존재입니다. 과학자들은 이런 블랙홀의 시간 팽창 현상에 대해 꾸준히 연구하고 있으며, 앞으로 더 많은 신비를 풀어낼 수 있을 것이라고 기대하고 있습니다.
- 기자: 오늘도 많은 새로운 지식을 알게 된 것 같습니다. 감사합니다, 박사님!

드론이 하늘에 멈춰 있을 수 있는 비밀은?_ 2016학년도 수능

Q1 드론으로 어떤 문제를 해결하면 좋을까요? 아래에서 골라 보거나 스스로 정한 뒤, 구체적으로 설명해 보세요.

드론을 활용해 산불이 난 지역에 빠르게 구호 물품을 전달할 수 있으면 좋겠습니다. 위기에 더 빠른 대처를 할 수 있게요.

Q2 드론으로 그 문제를 해결하기 위해서는 드론에 어떤 기능이 필요할까요?

드론은 뜨거운 연기와 열에도 견딜 수 있는 내열 센서와 재질로 만들어져야 해요. 또한 GPS를 통해 정확한 위치로 이동할 수 있어야 하고, 물품을 실을 수 있는 화물칸도 필요해요. 자율비행 기능과 함께, 실시간으로 현장 상황을 확인할 수 있도록 카메라와 영상 전송 장치도 있어야 해요.

Q3 '○○한 세상을 위한 드론'을 상상하며 내 생각을 설명해 볼까요?

'위험 속에서도 생명을 지키는 세상'을 위한 드론을 만들고 싶어요. 이 드론은 산불이 난 지역에 가장 먼저 도착해 응급 물품을 떨어뜨리고, 카메라로 구조대에게 실시간 정보를 전달해요. 사람이 들어가기 힘든 곳까지 드론이 대신 가 주니까, 더 빠르고 안전하게 생명을 구할 수 있는 세상이 될 거예요.

손가락 끝보다 작은 세상을 어떻게 관찰할까?
_ 2019학년도 9월 모의평가

Q1 STM으로 어떤 물건을 관찰해 보면 좋을까요?

부스러진 과자 조각, 손톱 밑 먼지, 식빵 속 구멍 등

Q2 왜 이 물건을 STM으로 관찰하고 싶나요?

식빵을 자를 때마다 보이는 구멍이 평소에 신기했어요. 그 안이 진짜로 비어 있는 건지, 아니면 아주 가는 실처럼 된 조직이 있을지도 궁금했어요. STM으로 보면 그 구조를 더 자세히 알 수 있을 것 같아서 이 물건을 선택했어요.

Q3 STM으로 보면 어떤 모습이 보일 것 같나요? 상상해 보세요.

STM으로 보면 식빵 구멍 주위에 얇은 막처럼 늘어진 빵 성분이 보일 것 같아요. 기포가 생기면서 주변 재료가 어떻게 굳었는지도 알 수 있을 것 같고요. 그리고 나노 구조로 보면 왜 식빵이 부드러운지, 공기가 얼마나 들어 있는지도 알 수 있을 것 같아요.

가볍게 한 발 우주선 안에서 촛불을 켜면 어떻게 될까? _ 중1 과학

중력이 없다면 우리의 생활은 어떻게 달라질까요?

중력이 없는 세계에서는 물을 마시는 것조차 쉽지 않을 것 같아요. 지구에서는 컵을 기울이면 물이 아래로 흐르지만, 우주에서는 물이 공처럼 동그랗게 뭉쳐서 떠다닌다고 배웠어요. 만약 내가 무중력 상태에 있다면, 입으로 그 물방울을 조심스럽게 '잡아먹는' 느낌일 거예요. 혹시라도 물방울이 날아다니다가 눈이나 코에 들어가면 정말 당황스러울 것 같아요.

머리를 감거나 씻는 일도 어렵겠죠. 물이 아래로 흐르지 않으니까, 머리에 물을 부어도 그대로 흩어지며 둥둥 뜰 것 같아요. 비누 거품도 물처럼 둥둥 떠다니겠죠? 그래서 우주에서는 물수건이나 특수한 젤을 이용해 씻는다고 들었어요.

그리고 중력이 없으면 잠을 잘 때도 침대에 눕는 게 아니라 묶여서 자야 한다고 해요. 내가 만약 우주에서 잔다면, 침낭처럼 생긴 우주 수면 주머니에 몸을 고정하고 자야 할 거예요. 자다가 둥둥 떠다니면 깜짝 놀라 깨 버릴지도 몰라요.

지구에서는 아무렇지 않게 하던 행동들도, 우주에서 하려면 모두 특별한 방법과 장치가 필요하다는 걸 생각하니 정말 신기하고 또 조심해야겠다는 생각이 들었어요.

4컷 만화 콘티로 그리는 과학 글쓰기

컷 번호	만화를 그려서 표현해 볼까요? (장면과 대사)	어떤 과학적 요소를 넣을 건가요?
1컷	**장면** 영화관 알바생이 손님에게 팝콘을 건네며 말해요. **대사** "이 작은 알갱이 하나가 어떻게 이렇게 커지는지 궁금하지 않으세요?"	팝콘용 옥수수알 안에는 약 13~15%의 수분이 들어 있어요. 겉보기엔 말라 보이지만, 알 속에 숨은 수분이 팝콘이 되는 데 중요한 역할을 한답니다.
2컷	**장면** 전자레인지 안에서 옥수수가 점점 뜨거워지는 모습. **대사** "열을 받으면 알 속의 물이 수증기로 변하죠!"	열이 가해지면 옥수수알 안의 물이 기체 상태인 수증기로 바뀌는 '기화'가 일어나요. 그런데 껍질이 단단해서 수증기가 빠져나가지 못하고 안에 점점 압력이 쌓이게 돼요.
3컷	**장면** "펑!" 하고 터지며 팝콘이 되는 장면. **대사** "압력이 한계에 도달하면, 알이 터지며 팝콘이 돼요!"	압력이 너무 커지면 옥수수 껍질이 버티지 못하고 터지면서 내부의 녹말이 밖으로 튀어나와요. 이때 녹말의 분자 구조가 바뀌며 부드럽고 가벼운 팝콘이 되지요
4컷	**장면** 알바생이 팝콘 가득한 통을 손님에게 주며 말해요. **대사** "원래 크기보다 무려 3배 이상 커진대요! 대단하죠?"	옥수수알은 터지면서 부피가 3~4배까지 커져요. 이처럼 작은 알갱이 하나에도 기화, 압력, 분자 구조 변화, 부피 팽창 같은 다양한 과학 원리가 숨어 있답니다.

Q1 고산병이 무엇인지 간단히 설명해 보세요.

고산병은 공기 중 산소가 부족해서 우리 몸이 힘들어지는 병이에요. 높은 산에 올라가면 숨을 쉬어도 산소가 적게 들어와서 두통이나 어지럼증, 구역질 같은 증상이 생길 수 있어요.

Q2 고산병을 예방하려면 어떤 방법이 있을까요?

첫째, 하루에 500m 이상 너무 많이 올라가지 않기. 둘째, 물을 자주 마시고 몸을 무리하게 쓰지 않기. 셋째, 고도가 높은 곳에 가기 전에 낮은 곳에서 하루이틀 적응하기.

Q3 여행객에게 전달하고 싶은 당부나 응원의 한마디를 적어 보세요.

고산병 예방법을 미리 숙지해서 걱정 없이 멋진 여행을 떠나 보세요!

드디어 세 발 우리가 숨 쉬는 산소는 어디서 만들어졌을까? _ 중2 과학

Q1 산소는 어떤 원소이고, 어떻게 만들어지나요?

산소는 원자 번호 8번의 원소로, 양성자 8개를 가진 원자예요. 우주의 시작인 빅뱅 이후, 수소와 헬륨이 먼저 만들어졌고, 별의 중심에서 핵융합 반응을 통해 산소 같은 무거운 원소가 생성되었어요.

Q2 지구의 대기에는 처음부터 산소가 있었나요?

처음 지구의 대기에는 산소가 거의 없었어요. 대신 이산화탄소, 메탄 같은 기체가 많았고, 약 27억 년 전부터 생긴 생물들이 산소를 만들기 시작했어요.

Q3 시아노박테리아는 왜 중요했을까요?

시아노박테리아는 광합성을 통해 이산화탄소를 산소로 바꾼 생물이었어요. 이 생물 덕분에 대기 중에 산소가 점점 많아졌고, '산소 대폭발'이라는 큰 변화도 생겼어요.

마침내 네 발 주기율표는 처음부터 완벽했을까? _ 중2 과학, 고등 통합과학

Q1 멘델레예프의 행동을 볼 때 인상 깊었던 부분은 무엇인가요?

멘델레예프가 발견되지도 않은 원소의 성질을 예측하고, 그 자리를 비워 놓았다는 점이 정말 대단하다고 느꼈어요. 다른 사람들이 믿지 않아도 자신이 만든 규칙을 끝까지 믿고 기다린 것이 인상 깊었어요. 결국 시간이 지나면서 그의 예측이 맞았다는 것이 증명되었기 때문에, '믿고 기다리는 용기'가 얼마나 중요한지도 알게 되었어요.

Q2 여러분도 쉽게 풀리지 않던 문제를 해결하거나 규칙을 발견한 적이 있나요?

수학 문제를 풀다가 계속 틀린 적이 있어요. 처음에는 왜 틀리는지 몰랐는데, 틀린 문제들을 모아서 다시 보면서 공통점을 찾았어요. 항상 괄호 안 계산을 먼저 안 했다는 걸 알게 되었고, 그때부터는 식을 풀기 전에 괄호부터 확인하는 습관을 들이게 되었어요. 그 경험 덕분에 지금은 같은 실수를 반복하지 않게 되었어요.

Q3 멘델레예프처럼 포기하지 않고 해 보고 싶은 일이 있나요?

저는 그림 그리기를 좋아하는데, 잘 그리지 못해서 중간에 그만둘까 고민한 적이 많았어요. 하지만 이 글을 읽고 멘델레예프처럼 끝까지 시도해 보고 싶다는 생각이 들었어요. 완벽하게 시작하지 않아도 계속 그리다 보면 분명 나만의 스타일이 생길 거라고 믿어요. 포기하지 않고 연습을 계속해 볼 거예요.

 ## 원자는 정말 쪼갤 수 없는 것일까?

_ **2016학년도 6월 모의평가 A형**

Q1 아주 오래전 철학자들은 물질이 무엇으로 이루어졌다고 생각했나요? 그중 한 명의 이름과 생각을 정리해 보세요.

탈레스는 모든 물질이 물에서 나왔다고 생각했어요. 물은 흐르고 모양이 자유로워서 모든 것을 만들 수 있다고 믿었지요.

Q2 톰슨이나 러더퍼드는 실험을 통해 무엇을 발견했나요? 원자에 대한 생각이 아주 오래전 철학자들과 어떻게 달라졌나요?

톰슨은 전자를 발견했고, 러더퍼드는 원자에 중심이 있다는 걸 알아냈어요. 철학자들은 원자를 눈에 보이지 않는 작은 입자라고만 생각했지만, 과학자들은 실험으로 원자의 구조를 점점 자세히 밝혀냈어요.

Q3 아주 오래전 철학자들은 물이나 공기가 모든 물질의 시작이라고 생각했어요. 지금은 그 생각이 틀렸지만, 그래도 왜 그런 생각이 필요했을까요?

그때는 아무도 물질에 대해 궁금해하지 않았어요. 오래전 철학자들이 '물'이나 '공기'가 세상의 시작이라고 말한 것은 지금 보면 틀렸지만, 누군가 먼저 그런 생각을 했기 때문에 더 많은 사람이 물질에 대해 질문하고 연구하게 된 것 같아요. 그래서 그런 생각이 필요했던 거예요.

Q1 일상에서 '수식'이나 '숫자 계산'을 사용했던 경험이 있나요? 그때 어떤 수식을 쓰거나 숫자 계산을 했고, 어떤 도움이 되었나요?

저는 친구들과 피자를 나눠 먹을 때 수식을 사용한 적이 있어요. 피자가 8조각인데 친구가 4명이라서, 저는 $8 \div 4 = 2$ 라는 계산으로 각자 2조각씩 나눠 먹을 수 있다는 걸 알게 되었어요. 그냥 대충 나누면 싸움이 날 수도 있었는데, 숫자로 정확히 계산하니까 공평하게 나눌 수 있어서 모두 기분이 좋았어요.

Q2 내가 '정확하게 비교하거나 예측'하고 싶어서 숫자나 수식을 활용했던 적이 있나요? 그냥 느낌대로 하지 않고 수식을 사용했을 때 어떤 점이 달랐나요?

엄마랑 마트에서 과자를 고를 때, 같은 가격이면 어떤 과자가 더 많은 양인지 비교하고 싶었어요. 그래서 무게를 보고 1g당 가격을 계산했어요. 예를 들어, 2,000원에 120g이면 $2000 \div 120 =$ 약 16.7원이었고, 1,800원에 90g이면 $1800 \div 90 = 20$원이었어요. 계산해 보니 첫 번째 과자가 더 이득이라는 걸 알게 되었어요. 느낌만 믿었으면 손해를 볼 뻔했어요!

Q3 앞으로 내가 '정량적으로 생각'해 보고 싶은 일이 있다면 어떤 것인가요?

앞으로는 시험공부할 때 수학, 과학, 국어 시간을 어떻게 나누면 좋을지 정량적으로 생각해 보고 싶어요. 예를 들어 하루에 2시간을 공부할 수 있다면, 2시간×60분=120분이니까 수학 50분, 국어 40분, 과학 30분처럼 나눠서 계획을 세워 볼 거예요. 이렇게 하면 시간 낭비 없이 더 효율적으로 공부할 수 있을 것 같아요!

Chapter 3. 생명과학
우리가 살아가는 이유

가볍게 한 발 **세포로 심장을 만든다고? 어떻게 가능할까?** _ 중1 과학

Q1 박 교수님께 전하고 싶은 인사나 응원의 말을 먼저 써 봅시다.

안녕하세요, 박 교수님. 저는 줄기세포를 이용해 심장을 재생하거나 만드는 교수님의 연구 이야기를 읽고 큰 감동을 받았어요. 심장병 환자들에게 희망

이 될 교수님의 과학 연구가 하루빨리 성공하길 기원합니다.

Q2 본문을 읽고 인상 깊었던 내용을 소개해 주세요. 왜 기억에 남았나요?

줄기세포를 '변신할 수 있는 세포'라고 표현한 것이 특히 기억에 남아요. 어떤 세포로든 변할 수 있는 이 평범한 세포가 심장을 고치는 데 쓰일 수 있다는 점이 신기했어요.

Q3 줄기세포나 심장 연구에 대해 박 교수님께 꼭 물어보고 싶은 질문을 두 가지 이상 써 보세요.

첫 번째 질문은 "심장 오가노이드는 실제 심장처럼 얼마나 오래 작동하나요?"이고, 두 번째 질문은 "사람에게 줄기세포로 만든 심장을 이식하는 데는 시간이 얼마나 걸릴까요?"입니다.

가볍게 한 발 하품은 왜 나도 모르게 나오고, 친구가 하면 왜 따라 하게 될까?
_ 중3 과학

Q1 내가 친구의 감정을 그대로 느꼈던 순간은 언제였나요?

얼마 전, 시험에서 좋은 성적을 받지 못해 속상해하던 친구가 있었어요. 친구는 아무 말도 하지 않았지만 눈에 눈물이 맺혀 있었고, 그 모습을 보는 순간 나도 마음이 아팠습니다. 마치 내 일처럼 속상하고 친구를 꼭 안아 주고 싶다는 생각이 들었어요.

Q2 이 경험을 거울 뉴런의 역할과 어떻게 연결할 수 있을까요?

이런 감정을 느낀 것은 단순히 친구가 울어서가 아니라, 내 뇌 속 거울 뉴런이 친구의 감정을 나의 것처럼 '복사'했기 때문이라고 생각합니다. 거울 뉴런은 다른 사람의 행동이나 표정을 보면 내가 직접 경험하는 것처럼 반응하기 때문에, 친구의 슬픔이 내 마음에도 그대로 전달된 거죠. 과학적으로 설명하니, 내가 왜 친구의 마음을 깊이 공감했는지 더 잘 이해할 수 있었어요.

Q3 이 사실을 알게 된 후, 공감 능력이나 인간관계에 대해 새롭게 생각하게 된 점은 무엇인가요?

거울 뉴런이 있다는 사실을 알고 나니, 공감은 단순한 감정이 아니라 뇌가 만들어 내는 특별한 능력이라는 것을 깨달았습니다. 친구가 힘들 때 내가 함께 슬퍼하는 것, 친구가 기쁠 때 같이 웃는 것이 모두 뇌의 자연스러운 작용이라니 신기했어요. 앞으로 친구의 감정을 더 잘 이해하고, 서로 도와주는 관계가 되어야겠다는 생각이 들었습니다.

천천히 두 발 우유를 마셔도 괜찮은 사람들은 뭐가 다를까? _ 중3 과학

Q1 사람들이 딱! 보고 기억할 수 있도록 짧고 재미있게 우유 이름을 지어 볼까요? 그리고 그렇게 지은 이유도 설명해 볼까요?

"속 편한 우유 락~!" 이 이름에는 '락타아제'의 '락'과, 편안한 느낌을 함께 담았어요.

Q2 이 우유는 어떤 점이 좋은가요?

이 우유에는 우유 속 유당을 잘게 분해하는 락타아제라는 효소가 들어 있어요. 그래서 락타아제가 든 이 우유를 마시면 배가 아프지 않고 속이 편안해요. 유당 불내증이 있는 사람도 걱정 없이 마실 수 있어요.

Q3 이 우유를 왜 마셔야 하나요?

우유를 마시면 배가 아팠던 친구들도 이제는 걱정 없이 마실 수 있으니까요. 칼슘이나 영양소도 그대로 들어 있어서 건강에도 좋아요. 우리 가족 모두가 함께 마실 수 있는 건강한 우유예요.

드디어 세 발 독감 백신은 매년 왜 달라질까? _ 고등 통합과학

Q1 사람들이 딱 보고 기억할 수 있도록 짧고 재미있는 백신 광고 문구를 지어 볼까요? 그리고 그 문구를 지은 이유도 함께 설명해 볼까요?

"매년 딱 한 방! 감기 안녕~"

이 문구는 짧고 쉽게 외울 수 있어서 사람들이 잘 기억할 수 있을 거예요. 또 독감 백신은 매년 한 번 맞는 것만으로도 몸을 지킬 수 있으니까 이 말을 사용했어요. "감기 안녕~"은 재미있게 들려서 친구들도 관심을 가질 것 같아요!

Q2 이 백신은 우리 몸에 어떤 도움을 주나요? 이를테면, 백신을 맞지 않았을 때는 어떤 일이 생길 수 있는지 생각해 보면 좋아요.

백신을 맞으면 몸이 독감 바이러스와 싸우는 방법을 미리 배워요. 그래서 진짜 바이러스가 들어오면 더 빠르고 강하게 막을 수 있어요. 만약 백신을 맞지 않으면 열이 나고, 기침도 심하게 할 수 있어요. 학교에 못 가거나, 가족에게 감기를 옮길 수도 있어요.

Q3 이 백신을 꼭 맞아야 하는 이유는 뭘까요? 내가 맞는 백신이 다른 사람들에게도 어떤 도움이 될 수 있을까요?

내가 백신을 맞으면 내 몸이 아프지 않아서 좋고, 다른 친구들에게 바이러스를 옮기지 않을 수 있어 좋아요. 특히 할머니, 할아버지처럼 몸이 약한 분들은 백신을 못 맞을 수도 있기 때문에, 내가 백신을 맞아야 그분들도 안전해져요. 그래서 모두가 함께 건강해지기 위해 백신을 꼭 맞아야 한다고 생각해요.

마침내 네 발 왜 태어난 지 얼마 안 된 아기는 병에 잘 안 걸릴까?
_ 고등 선택 생명과학

Q1 태어난 지 얼마 안 된 아기가 병에 잘 안 걸리는 이유는 뭘까요? 엄마가 아기에게 어떤 걸 주었기 때문인지 생각해 볼까요?

아기가 엄마 뱃속에 있을 때 항체를 받기 때문이에요. 특히 태어나기 전 마지막 몇 주 동안, 태반을 통해 좋은 성분이 전달돼요. 그래서 갓 태어난 아기는 병에 잘 안 걸려요. 엄마가 보호막처럼 아기를 감싸 준 것 같아서 신기했어요.

Q2 모유 속에 들어 있는 IgA는 아기를 어떻게 도와줄까요? IgA가 몸속에서 어떤 역할을 하는지 떠올려 볼까요?

IgA는 모유 속에 있는 항체예요. 이 물질은 아기의 입과 코, 뱃속(장)에 병균이 들어오지 못하게 막아 줘요. 마치 몸속을 지키는 보초병처럼 아기를 보호해 줘요. 그래서 모유를 먹는 아기들은 감기나 배탈에 덜 걸린대요.

Q3 그럼 시간이 지나면 아기는 왜 예방접종을 꼭 받아야 할까요? 처음에 받은 보호막이 언제, 왜 약해지고, 예방접종이 왜 다시 필요한지 떠올려 볼까요?

아기가 받은 엄마의 항체는 시간이 지나면 점점 약해져요. 그래서 처음엔 병에 안 걸릴 수 있어도, 나중에는 자기 힘으로 막아야 해요. 예방접종을 하면 아기 몸이 스스로 병을 막는 힘을 만들 수 있어요. 그래서 아기가 건강하게 자라려면 예방접종을 꼭 맞아야 해요.

자가진단 키트는 어떻게 바이러스를 확인할까?

_ **2019학년도 수능**

Q1 항원은 우리 몸속에서 어떤 존재일까요? 비유적으로 표현해 봅시다.

항원은 마치 성에 몰래 숨어 들어온 도둑 같아요. 몸속에 들어와 문제를 일으키려고 하죠.

Q2 항체는 항원을 어떻게 찾아내고 막을까요? 비유적으로 표현해 봅시다.

항체는 도둑을 찾아내는 경찰견 같아요. 항원만의 냄새를 정확히 맡고, 그에게 꼭 달라붙어 움직이지 못하게 합니다.

Q3 항원과 항체가 만나면 어떤 일이 벌어질까요? 두 존재의 만남을 비유적으로 표현해 볼까요?

항원과 항체가 만나는 순간은 마치 경찰이 도둑을 덮쳐서 단단히 포박하는 장면처럼 느껴져요. 항체가 항원을 꽉 붙잡아 다른 세포를 공격하지 못하게 막아 버리니까요.

장기 이식을 하면 바이러스도 같이 옮겨질까?

_ **2020학년도 수능**

Q1 장기 이식은 어떤 상황에서 필요하고, 환자에게 어떤 도움을 줄까요?

장기 이식은 심장, 간, 신장과 같은 중요한 장기가 심하게 손상되어 더 이상 제 기능을 하지 못할 때 필요합니다. 이식받은 장기는 환자의 몸에서 새로운 역할을 하며, 환자가 다시 건강을 되찾고 일상생활을 이어 갈 수 있도록 돕습니다.

Q2 장기 이식 후 거부 반응은 왜 일어나며, 어떤 문제를 일으킬 수 있을까요?

우리 몸의 면역 세포는 낯선 것을 발견하면 공격하는 성질이 있습니다. 이식된 장기는 환자 본인의 것이 아니기 때문에 면역 세포가 이를 적으로 인식하고 공격하는데, 이를 거부 반응이라고 합니다. 거부 반응이 심하면 이식받은 장기가 손상되고, 심한 경우 제 기능을 하지 못해 이식이 실패할 수도 있습니다.

Q3 면역 억제제는 어떤 약이며, 복용하지 않으면 어떤 일이 생기나요? 또, 부작용은 무엇이 있을까요?

면역 억제제는 우리 몸의 면역 반응을 약하게 만들어 이식된 장기를 공격하지 않도록 돕는 약입니다. 이 약을 복용하지 않으면 면역 세포가 이식된 장기를 강하게 공격해 거부 반응이 심해질 수 있습니다. 하지만 면역 억제제를 오래 복용하면 몸의 방어력이 떨어져 감염병에 걸리기 쉽고, 암 발생 위험이 높아지는 부작용이 있습니다. 따라서 환자는 이 약을 복용하면서 의사의 지시를 잘 따라야 합니다.

Chapter 4. 지구과학
우주를 바라보는 지구의 시선

가볍게 한 발 서울에서 뉴욕으로 여행을 갔는데 왜 시간은 뒤로 갔을까?
_ 중2 과학, 중3 과학

Q1 언제, 어디에서 있었던 일이었나요? 해외여행이었나요? 영상 통화였나요? 없다면 상상해 봐도 좋아요.

작년에 엄마, 아빠와 함께 미국으로 가족여행을 갔어요. 우리는 한국에서 밤 늦게 비행기를 탔는데, 미국에 도착해 보니 현지 시간으로는 아직 아침이었어요. 호텔에 갔는데도 햇빛이 쨍쨍해서 낯선 기분이 들었어요.

Q2 그때 시차 때문에 어떤 일이 있었고, 어떤 기분을 느꼈나요?

밤새 비행기에서 자느라 피곤했는데, 도착한 뒤에도 잘 수가 없었어요. 낮인데 눈이 자꾸 감기고, 밥 먹을 시간도 헷갈렸어요. 몸은 졸린데 밖은 밝아서 정신이 하나도 없었고, 이상한 나라에 온 느낌이었어요.

Q3 그 일을 겪고 나서 어떤 생각이 들었나요? 그때 경험을 떠올리며, 앞으로는 어떻

게 해야겠다고 느꼈는지 정리해 보세요.

그때 처음으로 시차라는 걸 몸으로 느꼈어요. 앞으로 해외여행을 가기 전에는 미리 시차를 알아보고, 비행기에서 잠자는 시간도 조절해야겠다고 생각했어요. 다음엔 더 똑똑하게 여행을 준비할 수 있을 것 같아요.

밤하늘에 초록색 커튼이 펄럭인다고? _ 중2 과학

Q1 오로라 투어는 언제, 어디에서 진행되는지 검색해 보고, 찾은 내용을 글로 정리해 봅시다.

한겨울, 북극권의 캐나다 옐로나이프와 아이슬란드, 그리고 남극 대륙에서 오로라 투어가 진행됩니다. 하늘이 가장 맑고 오로라 활동이 활발한 12월에서 3월이 여행의 최적기예요.

Q2 여행에는 어떤 체험이 있을까요? 오로라를 보는 순간 어떤 기분이었을까요? 상상해서 써 봅시다.

오로라 투어 프로그램에는 눈 덮인 대지 위에서 썰매를 타고 이동하며 하늘을 바라보는 체험, 따뜻한 오두막에서 기다리며 오로라를 감상하는 시간이 있어요. 오로라가 나타나는 순간, 온 하늘이 초록과 붉은빛으로 춤추며 물드는 광경에 숨이 멎을 듯한 감동과 환희를 느꼈습니다.

Q3 여행을 마친 후, 여러분은 어떤 이야기를 나누게 될까요?

"TV와 사진으로 보던 것과는 차원이 달라!"라는 말을 수없이 반복했어요. 오로라가 하늘을 가득 메우던 순간을 친구들에게 자랑했고, '다음에는 가족과 함께 와야지'라는 다짐도 했습니다. 이 여행은 평생 잊지 못할 추억이 될 거예요.

빛의 속도로 우주를 여행한다면? _ 중2 과학

Q1 이번 글을 통해 우주의 시간에 대해 새롭게 알게 된 사실이 있나요? 또, 궁금했던 우주 관련 내용 중 하나를 더 조사해 봐도 좋아요.

이번 글을 통해 블랙홀 근처에서는 시간이 느리게 흐른다는 사실을 처음 알게 되었어요. 영화 〈인터스텔라〉에서 주인공 쿠퍼가 밀러 행성에서는 3시간을 보내는 사이, 지구에서는 무려 23년이 지났다는 이야기가 정말 놀라웠어요. 그래서 궁금한 마음에 '광년'도 더 찾아보았는데, 광년은 빛이 1년 동안 가는 거리로, 9조 5천억 km라고 해서 정말 깜짝 놀랐어요.

Q2 우주의 시간과 관련된 새로운 사실을 알았을 때, 어떤 생각이나 기분이 들었나요?

나는 평소에 수업 시간 1시간도 길게 느껴졌는데, 우주에서는 그 시간이 정말 아무것도 아닐 만큼 짧은 시간이라는 게 신기했어요. 그리고 지금 우리가 살고 있는 하루가 짧고 별거 없어 보여도, 사실은 나에게는 아주 특별한 시간이라는 생각이 들었어요.

Q3 우주의 시간과 관련되어 새롭게 알게 된 사실을 친구가 잘 이해할 수 있도록, 비유나 예를 들어 설명해 볼까요? 비유란, 어떤 개념이나 상황을 더 쉽게 이해하도록, 그것과 닮은 다른 사물이나 상황에 빗대어 표현하는 방법입니다.

블랙홀 근처에서 시간이 느리게 흐르는 건 마치 이렇게 설명할 수 있을 것 같아요. 친구들이 정지 버튼을 누르고 천천히 움직이는 슬로우 모션 영상을 본 적 있죠? 블랙홀 근처는 그 슬로우 모션처럼 시간이 천천히 흐르기 때문에 우리가 지구에서 빠르게 하루를 보내는 동안, 그곳에서는 아주 조금밖에 시간이 안 흐른답니다. 그래서 쿠퍼가 밀러 행성에서 머문 3시간 동안 딸이 있는 지구에서는 23년이 지난 거예요. 정말 신기하죠?

드디어 세 발 우주에도 우리가 아는 지도가 있을까? _ 중2 과학

Q1 가이아 미션처럼 우주를 연구하는 일과 지구의 문제를 해결하는 일, 여러분은 둘 중 어떤 주제가 더 중요하다고 생각하나요? 또는 두 가지를 어떻게 균형 있게 해야 한다고 보나요?

나는 우주를 더 많이 연구해야 한다고 생각해요.

Q2 그렇게 생각한 이유를 두 가지 이상 적어 보세요. 예를 들어, 가이아 미션을 읽고 느낀 점이나 우주 연구의 가치, 또는 지금 우리가 시급하게 해결해야 할 문제에 대한 자신의 생각을 자유롭게 적어 보세요.

첫째, 가이아 미션처럼 별 하나하나를 관찰하면 우리가 우주에서 어디에 있는지 더 잘 알 수 있어요.

둘째, 우주에는 우리가 아직 모르는 것들이 많아서 미래에 꼭 필요한 정보를 알게 될지도 몰라요.

Q3 나와 다른 입장을 가진 친구가 반박한다면 나는 어떻게 대답할까요? 만약 친구가 "우주는 너무 멀고 우리랑 상관없다"고 말한다면 어떻게 반박할까요?

친구가 "우주는 너무 멀고 당장 우리랑 상관없어"라고 말한다면, 나는 "우주를 연구하면 지구가 어떤 위험에 처해 있는지도 더 잘 알 수 있어. 예를 들면, 태양이나 소행성의 움직임 같은 것들 말이야."라고 대답하고 싶어요.

 마침내 네 발 토성의 위성은 어떻게 발견되었을까?

_ 중1 과학, 고등 선택 지구과학

Q1 NASA에서 토성 탐사선을 타고 갈 팀원을 모집한대요! 내가 맡고 싶은 역할을 고르고, 그 이유를 적어 보세요.

내가 맡고 싶은 역할은 '감정 전문가'예요. 왜냐하면 토성을 탐사하면서 외롭고 무서울 수도 있는데, 저는 사람들의 마음을 잘 살피고 용기를 북돋아 줄 수 있거든요. 친구들이 지치지 않도록 재미있는 이야기나 음악도 들려줄 거예요. 우주에서도 마음이 따뜻해야 하잖아요.

Q2 토성 탐사 중 내가 꼭 필요한 순간이 온다면 어떤 장면일까요? 내가 어떤 활동을 하며 팀에 도움을 주고 있을지 상상해서 써 보세요.

탐사 중에 우주선이 토성의 거대한 폭풍을 만나서 모두가 긴장했어요. 그때 저는 "우리는 이미 지구에서도 많은 어려움을 이겨 냈잖아! 이번에도 할 수 있어!"라며 팀원들을 격려했어요. 덕분에 모두가 마음을 다잡고 침착하게 행동했답니다.

Q3 탐사가 끝나고 지구로 돌아온 뒤, 사람들이 내 활약을 칭찬하네요! 내가 토성 탐사에서 어떤 활약을 했는지, 어떤 기분이 들었는지를 마지막으로 정리해 보세요.

"감정 전문가 덕분에 우리는 서로를 더 잘 이해하고 용기를 낼 수 있었어요."라는 말을 들었어요. 그 말을 듣고 저는 눈물이 났어요. 내가 우주에서 한 일이 누군가에게 힘이 되었다는 게 정말 자랑스럽고 기뻤어요. 앞으로도 사람들의 마음을 돌보는 멋진 일을 계속하고 싶어요!

수능으로 점프 날씨 예보에서 바람의 방향을 어떻게 예측할 수 있을까?

_ 2014학년도 수능

Q1 내가 기상캐스터가 되어 전향력을 설명한다면, 어떤 말로 예보를 시작할까요?

안녕하세요! 오늘은 태풍이 우리나라 쪽으로 올라오고 있습니다. 태풍의 이동에는 전향력이라는 특별한 힘이 큰 영향을 미친답니다. 오늘 예보에서는 태풍 경로와 함께 전향력이 무엇인지 쉽게 알려 드릴게요.

Q2 일기예보 도중 학생인 내가 직접 전향력을 설명하는 장면을 상상해 보세요. 전향력의 원리와 실제 사례(예: 태풍, 바람, 바닷물 흐름, 미사일 경로 등)를 자연스럽게 말해 보세요.

안녕하세요, 저는 오늘 전향력에 대해 설명할 학생 기상캐스터입니다. 지구는 거대한 회전판처럼 하루에 한 바퀴씩 돌고 있어요. 이 때문에 움직이는 물체는 원래 가려던 방향에서 살짝 휘어 보입니다. 이를 전향력이라고 해요. 북반구에서는 오른쪽으로, 남반구에서는 왼쪽으로 물체가 휘어요.
예를 들어 태풍이 북쪽으로 이동할 때 전향력 때문에 경로가 곧장 위로 가지 않고 오른쪽으로 휘게 됩니다. 바람과 바닷물도 이 힘의 영향을 받죠. 심지어 미사일이나 비행기도 전향력을 계산하지 않으면 목표를 맞추기 어렵답니다. 여러분, 회전의자에서 공을 던져 본 적이 있나요? 그때 공이 곧게 날아가지 않고 비틀리는 것처럼 보이는 것도 비슷한 원리예요.

Q3 예보가 끝난 후, 시청자들이 내 설명을 칭찬한다면? 내가 전향력을 쉽게 설명한 덕분에 어떤 반응이 나왔는지, 그리고 어떤 기분이 들었는지 정리해 보세요.

예보가 끝나자 많은 시청자들이 '어려운 과학 개념을 쉽게 설명해 줘서 고맙다'고 메시지를 보냈어요. 태풍이 왜 휘어지는지 이제 이해됐다는 분들도 많았어요. 사람들이 내 설명 덕분에 전향력을 재미있게 알게 되었다고 하니, 정말 뿌듯하고 자신감이 생겼어요.

수능으로 점프 밤하늘에서 가장 밝은 별, 정말 가장 밝을까?

_ 2015학년도 6월 모의평가

Q1 내가 선택한 별의 이름과 특징을 적어 보세요.

시리우스는 밤하늘에서 가장 밝게 빛나는 별이에요. 겨울철 대삼각형을 이루는 별 중 하나이며, 겨울 밤하늘에서 쉽게 찾을 수 있습니다.

Q2 이 별의 겉보기 등급과 절대 등급을 조사해 보세요.

시리우스의 겉보기 등급은 약 -1.46으로, 지구에서 가장 밝게 보이는 별 중 하나예요. 절대 등급은 1.4 정도로, 실제 밝기는 다른 거대한 별에 비해 그렇게 강하지 않아요.

Q3 이 별까지의 거리를 광년이나 파섹 단위로 적어 보세요.

시리우스는 지구에서 약 8.6광년, 즉 약 2.64파섹 떨어져 있어요. 다른 별들에 비해 매우 가까운 별이에요.

Q4 이 별의 크기, 색, 온도 등 추가 정보를 찾아 정리해 보세요.

시리우스는 태양보다 약 2배 큰 별이며, 표면 온도는 약 9,940K로 뜨거운 푸른빛을 띠어요. 또한 시리우스는 실제로는 2개의 별(시리우스 A와 시리우스 B)로 이루어진 쌍성계예요.

Q5 이 별의 겉보기 등급과 절대 등급을 비교해 보세요. 겉보기 밝기와 실제 밝기는 어떻게 다른가요?

시리우스는 지구에서 가장 밝게 보이지만, 절대 등급이 1.4로 실제 밝기는 그렇게 강하지 않아요. 가까운 거리에 있기 때문에 겉보기에는 매우 밝지만, 다른 멀리 있는 거대한 별과 비교하면 실제 밝기는 평범한 수준이에요.

Chapter 1. 물리: 세상을 움직이는 힘의 비밀?

가볍게 한 발 30만 톤의 거인, 해상 석유 플랫폼은 어떻게 바다 위에 서 있을까?

- 김현석·김현성·박병재·이강수, "신뢰성 기반 최적 설계를 이용한 130m급 고정식 해양구조물 최적 설계 개발", 『한국전산구조공학회논문집』, 2021.
- Ieva Bockute, "Buoyancy and stability analysis of floating offshore wind turbines", University of Dundee, 2019.
- 한국해양과학기술원(KIOST), "해상풍력 기반 부유식 해양에너지 플랫폼 건설 기술 기획 보고서", 2016.
- 선박해양플랜트연구소(KRISO), "초대형 부유식 해상풍력 플랫폼 국내 최초 개발(AIP)", 뉴스와이어, 2022.10.06.
- 조행만, "바다와 똑같은 실험 환경 만든다", 사이언스타임즈, 2015.02.27.

가볍게 한 발 양궁 선수는 어떻게 화살을 10점에 명중시킬까?

- 김홍재, "과학이 쏘는 금빛 과녁 '양궁'", 사이언스타임즈, 2021.07.27.
- 박정연, "양궁 사상 첫 5종목 석권…비결은 스포츠 심리학 기반 '심리훈련'", 동아사이언스, 2024.08.05.
- 송규봉, "리우 양궁장 비슷한 지형 찾아가 연습 한국 양궁, 바람을 극복했다", 동아비즈니스리뷰(DBR) 213호, 2016.11.
- 이준희, "70m 떨어진 양궁 과녁…감으로 쏴도, 쏘면 '감'이 온다", 한겨레, 2024.07.30.

천천히 두 발 자동차가 일부러 벽에 부딪치는 이유는?

- 국토교통부, 정책정보 "자동차안전도 평가방법", 2012.08.13.
- 국토교통부, 정책Q&A "자동차안전도평가 관련 Q&A", 2017.12.27.
- 국가법령정보센터, "자동차안전도평가시험 등에 관한 규정" [시행 2022. 6. 3]
- 한국교통안전공단(KOTSA), 자동차 안전도평가 결과 (https://main.kotsa.or.kr/portal/contents.do?menuCode=04030600)

드디어 세 발 전기차, 정말 안전할까? 배터리 속 숨은 비밀

- 박주원·유승우·박대근·윤성환, "리튬이온 배터리의 열폭주 메커니즘에 관한 실험적 고찰", 『2023년도 한국연소학회 제65회 춘계학술대회 KOSCO SYMPOSIUM 초록집』, 2023.
- 신정호·김용현·김은주·배영철, "리튬이온 배터리 화재 시험을 통한 열 전달 메커니즘 및 손상 평가", 『한국전자통신학회 논문지(KIECS)』, 2024.
- 이민서·유지선·강경신·이재승·봉성율, "리튬이차 전지의 과충전에 의한 열폭주 현상의 이해," 『전기화학회지(JKES)』, 2024.
- 소방청, "최근 5년간 친환경차량 화재 387건..소방청X현대·기아차 협업 재난대응교육 추진", 2025.06.04.
- 이현준, "인천 지하주차장 전기차 화재 원인 '미궁'… 경찰, 관리사무소 직원 등 4명 송치", 조선일보, 2024.11.28.

마침내 네 발 시간이 멈출 수도 있다고? 블랙홀에선 가능하지!

- 한국천문연구원(KASI), "M87 블랙홀의 고리가 찌그러진 이유 밝혔다!", 2025.07.10.
- 한국천문연구원(KASI), "M87 블랙홀의 1년 뒤 모습은?", 2024.01.18.
- 신창섭, "[과학자가 본 노벨상]_vol.2 2020 노벨물리학상 : 일반상대성이론이 예측한 블랙홀의 존재를 증명하다", 기초과학연구원(IBS), 2020.10.12.
- 송복규, "[똑똑 과학용어] 사건의 지평선, 그리고 블랙홀", 조선비즈, 2023.05.16.

수능으로 점프 드론이 하늘에 멈춰 있을 수 있는 비밀은?

- 윤종현·이승희·박종현·한철희, "쿼드콥터 제어 방법 고찰", 『한국교통대학교 융·복합기술연구소 논문집』, 2015.
- 권순재·정구민, "MATLAB/Simulink 기반 주행 경로와 외란을 고려한 쿼드콥터 드론의 모델 예측 제어 기반 경로 주행 제어", 『한국정보전자통신기술학회눈문지』, 2023.
- 사이언스올 과학백과사전, "드론(drone)"

수능으로 점프 손가락 끝보다 작은 세상을 어떻게 관찰할까?

- 사이언스올 과학백과사전, "원자힘 현미경(atomic force microscope)"
- 설인호, "주사전자현미경의 주요 광학계 계산", 『충북대학교 학위논문』, 2017.
- 강민, "원자조작과비탄성전자터널링분광법을 위한Besocke 방식 주사터널링현미경제작", 『서울대학교 학위논문』, 2013.
- 김병희, "분자 진동 최초 영상화 관찰 성공", 사이언스타임즈, 2019.04.05.

Chapter 2. 화학: 보이지 않는 세계를 열어 보자!

가볍게 한 발 우주선 안에서 촛불을 켜면 어떻게 될까?

- "우주에서 불꽃의 모양은?", 『과학동아 2010년 3월호』, 동아사이언스, 2010.
- 『어린이과학동아 Vol.22 : 2022.11.15』, 동아사이언스, 2022.
- 박설현, "[국가R&D연구보고서] 우주실험을 위한 액적(droplet) 연소실험 연구", 한국항공우주연구

원(KARI) 국가과학기술연구회, 2018.
- 한국항공우주연구원 KARI TV(유튜브), "중력을 이기고 무중력을 구현한다! 무중력의 비밀을 풀 열쇠 무중력환경시험설비", 2024.11.

가볍게 한 발 **작고 딱딱한 옥수수알은 어떻게 구름 같은 팝콘이 될까?**
- YTN 사이언스(유튜브), "팝콘이 튀겨지는 원리 / YTN 사이언스", 2021.04.13.
- 장은영·김철암·은종방, "뽕잎 분말과 현미가루가 첨가된 pellet을 이용하여 제조한 뽕잎 팽화과자(뻥튀기)의 특성", 『한국식품과학회지』 2006.
- 서현교, "화학으로 일상생활 보면 흥미만점", 사이언스타임즈, 2004.07.25.

천천히 두 발 **왜 높은 산에 가면 머리가 아플까?**
- 서울아산병원 질환백과, "고산병(Mountain sickness)"
- 국립중앙의료원 해외여행클리닉, "고산병 예방 수칙"

드디어 세 발 **우리가 숨 쉬는 산소는 어디서 만들어졌을까?**
- 한국해양과학기술원(KIOST), "해양 미세생물 분자생태 연구(해양생물자원연구부 노재훈 책임연구원)", 2010.11.16.
- 한국해양과학기술원(KIOST), "남해 해양시료 규장각 안에 해양플랑크톤을 위한 5성급 호텔이!", 2017.06.01.
- 국립해양생물자원관(MBRiS) (www.mbris.kr)

마침내 네 발 **주기율표는 처음부터 완벽했을까?**
- 도춘호, "새로운 원소들의 발견과 원소 주기율표의 확장", 『현장과학교육』 2017.
- 이종필, "[사이언스N사피엔스]19세기 화학의 정점 주기율표의 성립", 동아사이언스, 2020.06.11.

수능으로 점프 **원자는 정말 쪼갤 수 없는 것일까?**
- 한국원자력연구원(KAERI), 원자 이야기 (https://www.kaeri.re.kr/board?menuId=MENU00449&siteId=null)
- 사이언스올 과학백과사전, "러더퍼드 원자 모형(Rutherford's atomic model)"
- 강석기, "닐스 보어는 어떻게 양자역학의 전설이 되었나", 동아사이언스, 2013.07.02.

수능으로 점프 **기체도 수학으로 설명할 수 있을까?**
- 사이언스올 과학백과사전, "이상기체(ideal gas)"
- 사이언스올 과학백과사전, "기체상수 R(PV=nRT·볼츠만상수 관계)"
- 기상청 e-learning "예보관 훈련용 기술서_대기물리"
- 윤창구, "혼합물의 열역학 (제1보). 이상기체", 『대한화학회지』 1973.

Chapter 3. 생명과학: 우리가 살아가는 이유

가볍게 한 발 **세포로 심장을 만든다고? 어떻게 가능할까?**
- 생물학연구정보센터(BRIC), "두 기술의 시너지, 바이오프린팅 분야 혁신 이끌다…인공 심장 모델 최초로 좌심실 비틀림 재현 성공", 2024.06.13.
- 기초과학연구원(IBS), "심장 미세환경까지 구현한 미니 장기 '오가노이드' 나왔다", 2024.04.25.
- 한국생명공학연구원(KRIBB), "생명연, 인공 장기 유사체 완성도 평가 가능한 기술 개발 - 줄기세포 유래 오가노이드의 정량적 인체 유사도 평가 기술 개발", 2021.09.01.
- 김홍남 한국과학기술연구원 뇌융합연구단 책임연구원, "오가노이드 모델의 개발과 이를 이용한 인간 질환 기전 탐구 및 치료기술", 『융합연구리뷰』 미래융합전략센터(FCSC), 2025.01.

가볍게 한 발 **하품은 왜 나도 모르게 나오고, 친구가 하면 왜 따라 하게 될까?**
- 이영혜, "하품 전염되는 이유, 뇌에서 발견", 동아사이언스, 2017.10.07.
- 대한민국 정책브리핑(korea.kr), "마음 맞는 사람끼리는 하품도 전염", 2014.08.18.
- 김성훈, "주인이 '이것'하면 개도 '이것'?…명확한 이유 있었네", 코메디닷컴, 2025.04.22.
- 김창엽, "[김창엽의 생활정보] 하품의 이유, 아무도 몰라요!", K-공감, 2014.09.01.

천천히 두 발 **우유를 마셔도 괜찮은 사람들은 뭐가 다를까?**
- 서울아산병원 질환백과, "유당분해효소결핍증(Lactose intolerance)"
- 세브란스병원 건강정보, "유당불내증[Lactose intolerance]"
- 세브란스병원 건강정보, "유당불내증(유당분해효소결핍증)의 식사요법 Lactose intolerance"
- 질병관리청 국가건강정보포털, 건강정보 "설사" (https://health.kdca.go.kr/healthinfo/biz/health/gnrlzHealthInfo/gnrlzHealthInfo/gnrlzHealthInfoView.do?cntnts_sn=1667)

드디어 세 발 **독감 백신은 매년 왜 달라질까?**
- 질병관리청 국가건강정보포털, 건강정보 "인플루엔자" (https://health.kdca.go.kr/healthinfo/biz/health/gnrlzHealthInfo/gnrlzHealthInfo/gnrlzHealthInfoView.do?cntnts_sn=5232)
- 질병관리청, "2025-2026절기 인플루엔자 백신 1,207만 도즈 조달계약 체결", 2025.06.09.
- 권기정, "인플루엔자", PharmReview 25권 1호, 2025.
- 식품의약안전처, "식약처, 2018년 인플루엔자백신 국가출하승인 정보제공", 2018.08.23.

마침내 네 발 **왜 태어난 지 얼마 안 된 아기는 병에 잘 안 걸릴까?**
• 임삼화·성인경, "모유 중 면역글로부린 및 Gastrin 농도 : 미숙아 및 만삭아 분만 산모의 초유와 성숙모유의 비교", 『대한신생아학회지 : 제7권 제2호』, 2000.
• 정태은·구선회·박종우·변상현, "신생아의 모유수유군과 분유수유군에서의 혈청 면역글로불린치의비교", 『대한임상벽리학회지 : 제19권 제6호』, 1999.
• 서울대학교병원 의학정보, "ABO 신생아용혈성질환[ABO hemolytic disease of the newborn]"
• World Health Organization, "Breastfeeding" In Health topics. (https://www.who.int/health-topics/breastfeeding)

수능으로 점프 **자가진단 키트는 어떻게 바이러스를 확인할까?**
• 중앙방역대책본부,"코로나바이러스감염증-19 자가검사 안내", 2021.04.30.
• 식품의약안전처, 법령/자료 "코로나19 자가검사 키트는 이렇게 사용해주세요!", 2022.02.16.
• 김현수, "바이러스 감염 진단을 위한 신속검사", 『대한내과학회지: 제96권 제5호』, 2021.
• 질병관리청, 지침 "신속면역크로마토그래피법에 의한 신종인플루엔자 진단키트", 2015.07.30.
• 황상현·양정석·오흥범, "사람면역결핍바이러스 감염 및 후천면역결핍증후군의 진단검사", 『대한의사협회지』 2024.

수능으로 점프 **장기 이식을 하면 바이러스도 같이 옮겨질까?**
• 한국장기조직기증원(KODA), "장기·조직 기증적합성 평가"
• 보건복지부 국립장기조직혈액관리원, "2025 장기이식관리 업무안내 제11차 개정판"
• 이상오, "고형장기이식 환자에서 흔히 보는 감염", 『대한내과학회지: 제84권 제2호』, 2013.

Chapter 4. 지구과학: 우주를 바라보는 지구의 시선
가볍게 한 발 **서울에서 뉴욕으로 여행을 갔는데 왜 시간은 뒤로 갔을까?**
• 한국천문연구원, 『2025 역서』, 2024.10.25.
• "미국, 10일부터 서머타임 시작…동부기준 한국과 시차 14→13시간", KBS뉴스, 2024.03.09.
• 위키백과, "날짜 변경선"

가볍게 한 발 **밤하늘에 초록색 커튼이 펄럭인다고?**
• 박정연, "국내서도 태양폭풍 오로라 포착…아름다운 붉은색 '선명'", 동아사이언스, 2024.05.13.

• 이병구, "화려하고 다양한 색채 오로라, 실제론 '우주재난 경고등'", 동아사이언스, 2024.06.15.
• 김형자, "[프리미엄][오디오 선생님] 태양 에너지 입자가 대기와 충돌하면서 내는 빛이에요", 조선일보, 2021.11.09.
• 이유나, "전 세계 뒤덮은 오색 빛 오로라, 한국은 못 봤다...왜?", YTN, 2024.05.15.

천천히 두 발 **빛의 속도로 우주를 여행한다면?**
• 이종필, "[사이언스N사피엔스]느려지는 시간", 동아사이언스, 2021.07.08.
• 박용섭, "[ESC와 함께 하는 과학산책] 시간은 얼마나 정확히 잴 수 있을까", ESC Korea, 2024.12.10.
• 한국표준과학연구원(KRISS), "가장 정확한 시계는?", 2014.03.19.

드디어 세 발 **우주에도 우리가 아는 지도가 있을까?**
• 곽노필, "가장 정확한 '은하수 지도' 나왔다…가이아 11년 관측 결실", 한겨레, 2025.01.24.
• 엄남석, "우리 은하 3D지도 작성 '가이아가 포착한 별 20억개 자료 공개", 연합뉴스, 2022.06.14.
• 한국천문연구원(KASI), "활동성 은하핵을 품은 '미니타원은하' 최초 발견", 2016.06.14.

마침내 네 발 **토성의 위성은 어떻게 발견되었을까?**
• 한국천문연구원(KASI), 천문학습관 "토성"
• 한세희, "[수고했어! 카시니] 임무 끝내는 토성 탐사선의 20년 여정", 동아사이언스, 2017.09.15.
• 박정연, "토성, 태양계에서 가장 많은 위성 보유 행성으로 재등극", 동아사이언스, 2023.05.14.

수능으로 점프 **날씨 예보에서 바람의 방향을 어떻게 예측할 수 있을까?**
• 기상청 e-learning "예보관 훈련용 기술서_수치예보"
• 기상청 날씨누리 "초단기예측 – 바람(1시간 간격 바람 흐름 지도)"
• 기상청 기상자료개방포털, "바람 계급별일수(바람장미)"
• 이우진·박래설·권인혁·김정한, "수치모델링과 예보", 『한국기상학회 대기 제33권 2호』 2023.

수능으로 점프 **밤하늘에서 가장 밝은 별, 정말 가장 밝을까?**
• 윤현성, "오늘 밤 가장 빛나는 목성 뜬다…'별보다 밝은 큰형님 행성'", 뉴시스, 2023.11.03.
• 정준양, "초등학생을 위한 개념 과학 150 – 밤하늘에서 가장 밝은 별은?", 소년한국일보, 2023.01.03.
• Star Walk(증강 현실 천문 앱) 블로그, "시리우스: 사실, 위치 및 하늘에서 가장 밝은 별을 보는 방법", 2025.03.14.